中华人民共和国行业推荐性标准

公路钢混组合桥梁
设计与施工规范

Specifications for Design and Construction of Highway
Steel-concrete Composite Bridge

JTG/T D64-01—2015

主编单位：中交公路规划设计院有限公司
批准部门：中华人民共和国交通运输部
实施日期：2016 年 01 月 01 日

人民交通出版社股份有限公司

图书在版编目（CIP）数据

公路钢混组合桥梁设计与施工规范：JTG/T D64-01—
2015 / 中交公路规划设计院有限公司主编. — 北京：
人民交通出版社股份有限公司，2015.12
　　ISBN 978-7-114-12682-6

　　Ⅰ.①公… Ⅱ.①中… Ⅲ.①公路桥—钢筋混凝土桥
—桥梁设计—设计规范—中国②公路桥—钢筋混凝土桥—
桥梁施工—技术规范—中国 Ⅳ.①U448.142.5-65
②U448.145.2-65

　　中国版本图书馆 CIP 数据核字（2015）第 306850 号

标准类型：**中华人民共和国行业推荐性标准**
标准名称：**公路钢混组合桥梁设计与施工规范**
标准编号：JTG/T D64-01—2015
主编单位：中交公路规划设计院有限公司
责任编辑：李　农
出版发行：人民交通出版社股份有限公司
地　　址：（100011）北京市朝阳区安定门外外馆斜街 3 号
网　　址：http://www.ccpress.com.cn
销售电话：（010）59757973
总 经 销：人民交通出版社股份有限公司发行部
经　　销：各地新华书店
印　　刷：北京市密东印刷有限公司
开　　本：880×1230　1/16
印　　张：5.5
字　　数：122 千
版　　次：2015 年 12 月　第 1 版
印　　次：2022 年 4 月　第 3 次印刷
书　　号：ISBN 978-7-114-12682-6
定　　价：45.00 元
（有印刷、装订质量问题的图书，由本公司负责调换）

中华人民共和国交通运输部

公 告

第 48 号

交通运输部关于发布
《公路钢混组合桥梁设计与施工规范》的公告

现发布《公路钢混组合桥梁设计与施工规范》（JTG/T D64-01—2015），作为公路工程行业推荐性标准，自 2016 年 1 月 1 日起施行。

《公路钢混组合桥梁设计与施工规范》（JTG/T D64-01—2015）的管理权和解释权归交通运输部，日常解释和管理工作由主编单位中交公路规划设计院有限公司负责。

请各有关单位在实践中注意总结经验，及时将发现的问题和修改意见函告中交公路规划设计院有限公司（地址：北京德胜门外大街 83 号德胜国际中心 B 座 407 室，邮编：100088），以便修订时研用。

特此公告。

中华人民共和国交通运输部

2015 年 11 月 23 日

前　　言

根据交通部交公路发〔2007〕378 号《关于下达 2007 年度公路工程标准制修订项目计划的通知》的要求，中交公路规划设计院有限公司作为主编单位主持编制《公路钢混组合桥梁设计与施工规范》（JTG/T D64-01—2015）。

本规范对公路钢混组合桥梁设计、施工中的有关技术要求进行了规定。在编制过程中，编写组吸取了国内公路钢混组合桥梁设计和施工中的研究成果和实际工程经验，参考、借鉴了国外先进的标准规范，广泛征求了设计、施工、建设、管理等有关单位和部门的意见，并经过反复讨论、修改后定稿。

本规范主要内容包括：1 总则；2 术语和符号；3 材料；4 设计基本规定；5 组合梁；6 组合梁桥面板；7 组合梁计算；8 混合结构；9 连接件；10 耐久性设计，11 连接件施工；12 组合梁施工；13 混合梁结合部施工；14 索塔及拱座钢混结合部施工。

请各有关单位在执行过程中，将发现的问题和意见，函告本规范日常管理组，联系人：刘晓娣（地址：北京市德胜门外大街 83 号德胜国际中心 B 座 407 室，中交公路规划设计院有限公司，邮编：100088；传真 010-82017041；电子邮箱：sssohpdi@163.com），以便修订时研用。

主 编 单 位：中交公路规划设计院有限公司

参 编 单 位：清华大学

同济大学

中交第二公路工程局有限公司

中交第二航务工程局有限公司

主 　 　 编：徐国平

主要参编人员：聂建国　赵君黎　刘明虎　刘玉擎　刘　高　翟世鸿　冯　苠

任回兴　刘晓娣　樊健生　李扬海　贺茂生　杨炎华

参与审查人员：李守善　刘凤林　刘新生　李怀峰　鲁昌河　钟明全　田克平

任胜健　沈永林　杨耀铨　张子华　包琦玮　韩大章　郭晓冬

代希华　王志英

目　次

1 总 则

1.0.1 为规范和指导公路钢混组合桥梁的设计和施工，保障工程质量，按照安全、耐久、适用、环保、经济和美观的原则，制定本规范。

条文说明

近些年来，我国建设了大量钢混组合桥梁，积累了丰富的设计、施工经验，但现行规范对组合结构桥梁缺少指导性的技术规定，不能满足当前公路钢混组合桥梁快速发展的需要，本规范对公路钢混组合桥梁设计和施工提出了要求。

1.0.2 本规范适用于各等级公路的钢混组合桥梁设计和施工。

1.0.3 本规范采用以概率理论为基础的极限状态设计方法，按分项系数的设计表达式进行设计。

1.0.4 公路钢混组合桥梁特大桥、大桥、中桥应按不小于 100 年设计使用年限进行设计，小桥宜按不小于 100 年设计使用年限进行设计。

1.0.5 公路钢混组合桥梁应进行以下极限状态设计：

1 承载能力极限状态：包括构件和连接的强度破坏、疲劳破坏，结构、构件丧失稳定及结构倾覆。

2 正常使用极限状态：包括影响结构、构件正常使用的变形、开裂及影响结构耐久性的局部损坏。

1.0.6 公路钢混组合结构桥梁设计应考虑以下四种设计状况及其相应的极限状态：

1 持久状况应进行承载能力极限状态和正常使用极限状态设计。

2 短暂状况应进行承载能力极限状态设计，必要时进行正常使用极限状态设计。

3 偶然状况应进行承载能力极限状态设计。

4 地震状况应进行承载能力极限状态设计。

条文说明

本条所列出的四种状况符合《公路桥涵设计通用规范》（JTG D60—2015）的规定。

1 持久状况对应于桥梁建成后承受自重、车辆荷载等持续时间很长的状况。

2 短暂状况对应于桥梁施工过程或维护过程中承受临时性作用（或荷载）的状况。

3 偶然状况对应于桥梁可能遇到的撞击等状况。

4 地震状况对应于桥梁遭受地震时的状况。

1.0.7 公路钢混组合桥梁应根据其所处环境条件和设计使用年限要求进行耐久性设计。

1.0.8 公路钢混组合桥梁的设计应考虑施工、运营管理与养护的要求。

1.0.9 公路钢混组合桥梁的设计和施工除应符合本规范的规定外，尚应符合国家和行业现行有关标准的规定。

2　术语和符号

2.1　术语

2.1.1　钢混组合桥梁　steel-concrete composite bridge

梁、主塔、拱等主要受力部分由钢和混凝土两种材料结合形成的组合构件或混合构件组成的桥梁。本规范简称组合桥梁。

2.1.2　钢混组合梁　composite beam

由钢梁和混凝土板连成整体并且在横截面内能够共同受力的梁。本规范简称组合梁。

2.1.3　钢混混合梁　hybrid beam

在顺桥向由钢梁与钢筋（预应力）混凝土梁通过结合部结合在一起共同受力的梁。本规范简称混合梁。

2.1.4　钢混组合构件　composite member

在同一截面内，由钢和混凝土两种材料有效结合并通过连接件共同受力的构件。本规范简称组合构件。

2.1.5　钢混混合构件　hybrid member

由钢构件、混凝土构件或组合构件组合在一起共同受力的构件。本规范简称混合结构。

2.1.6　结合部　connection part

使钢构件和混凝土构件相互结合、共同受力的部分。

2.1.7　连接件　connector

将钢与混凝土两种材料连接组合在一起共同受力的构件。

2.1.8　叠合混凝土板　concrete slab combined with precast slabs and concrete cast in-site

在预制板上加浇一层现浇混凝土，当现浇混凝土硬化后两者形成整体共同工作的桥面板。

2.2 符号

2.2.1 材料性能有关符号

E——钢材弹性模量；

E_c——混凝土弹性模量；

E_s——普通钢筋弹性模量；

E_p——预应力钢筋弹性模量；

f_{cy}——钢材端面承压（刨平顶紧）强度设计值；

f_{ck}、f_{cd}——混凝土轴心抗压强度标准值、设计值；

f_k、f_d——钢材抗拉、抗压和抗弯强度标准值、设计值；

f_{pk}、f_{pd}——预应力钢筋的抗拉强度标准值、设计值；

f_{sk}、f_{sd}——普通钢筋的抗拉强度标准值、设计值；

f_{tk}、f_{td}——混凝土轴心抗拉强度标准值、设计值；

f_{su}——焊钉材料的抗拉强度最小值；

f_{vd}——钢材抗剪强度设计值；

G_c——混凝土剪切模量；

G——钢材剪切模量。

2.2.2 作用和作用效应的有关符号

$M_{b,Rd}$——组合梁侧向抗扭屈曲弯矩；

M_{cr}——组合梁侧向扭转屈曲的弹性临界弯矩；

M_d——组合梁最大弯矩设计值；

M_{p2}——由后张法预应力在连续组合梁等超静定结构中产生的次弯矩；

M_{Rd}——组合梁截面抗弯承载力；

M_{Rk}——组合梁截面的抵抗弯矩；

M_s——按作用（荷载）短期效应组合计算的组合梁截面弯矩值；

N_p——考虑预应力损失后预应力钢筋的预加力合力；

V——形成组合截面之后作用于组合梁的竖向剪力；

V_d——承载能力极限状态下连接件剪力设计值；

V_h——钢梁和混凝土板结合面的纵桥向水平剪力；

V_l——单位长度内钢和混凝土结合面上的纵向剪力；

V_{ld}——单位长度内纵向抗剪界面上的纵向剪力；

V_{lRd}——单位长度内混凝土板纵向抗剪承载力；

V_{pud}——承载能力极限状态下开孔板连接件抗剪承载力设计值；

V_{sd}——正常使用极限状态下的连接件剪力设计值；

V_{su}——圆柱头焊钉抗剪承载力；

V_{sud}——承载能力极限状态下焊钉连接件抗剪承载力设计值；

V_{vd}——组合梁竖向剪力设计值；

V_{vu}——组合梁竖向抗剪承载力；

V_u——承载能力极限状态下连接件抗剪承载力设计值；

$\Delta\sigma_c$——钢材疲劳抗力；

$\Delta\sigma_{E2}$——疲劳荷载作用下钢梁翼缘等效正应力幅；

σ、τ——钢梁腹板同一点上同时产生的正应力、剪应力；

$\Delta\tau_c$——对应于 200 万次应力循环的剪力连接件疲劳设计强度；

$\Delta\tau_{E2}$——疲劳荷载作用下剪力连接件等效剪应力幅。

2.2.3 几何参数有关符号

A——钢梁截面面积；

A_b、A_{bh}——混凝土板下缘、承托底部单位长度内垂直于主梁方向的钢筋总面积；

A_c——混凝土板截面面积；

A_{cr}——由纵向普通钢筋、预应力钢筋与钢梁形成的组合截面的面积；

A_e——单位长度内垂直于主梁方向上的钢筋截面面积；

A_s——焊钉连接件杆截面面积；

A_t——混凝土板上缘单位长度内垂直于主梁方向的钢筋面积总和；

A_w——钢梁腹板的截面面积；

I_c——混凝土板截面惯性矩；

I_{cr}——开裂截面惯性矩；

I'_{cr}——由纵向普通钢筋、预应力钢筋与钢梁形成的组合截面的惯性矩；

I_s——钢梁截面惯性矩；

I_{un}——组合梁未开裂截面惯性矩；

$L_{e,i}$——等效跨径；

S——混凝土板对组合截面中性轴的面积矩；

W_n——组合截面净截面模量；

b_0——外侧剪力连接件中心间的距离；

b_{eff}——混凝土板有效宽度；

$b_{ef,i}$——外侧剪力连接件一侧的混凝土板有效宽度；

b_f——纵向抗剪界面在垂直于主梁方向上的长度；

d——开孔板连接件圆孔直径；

d_s——孔中贯通钢筋直径；

d_{sc}——钢梁截面形心到混凝土板截面形心的距离；

d_{ss}——焊钉连接件杆的直径；

e——开孔板连接件的相邻两孔最小边缘间距；

h——组合梁截面高度；

k_{ps}——开孔板连接件的抗剪刚度；

k_{ss}——焊钉连接件的抗剪刚度；

l——组合梁跨度；

l_{cs}——预应力集中锚固力、混凝土收缩徐变变形及温差引起的纵桥向水平剪力计算传递长度；

p——连接件的平均间距；

s_{max}——正常使用极限状态下结合面的最大滑移值；

s_{lim}——正常使用极限状态下结合面的滑移限值；

t——开孔板连接件的板厚；

y_p——预应力钢筋合力点至普通钢筋、预应力钢筋和钢梁形成的组合截面中性轴的距离；

y_{ps}——预应力钢筋和普通钢筋的合力点至普通钢筋、预应力钢筋和钢梁形成的组合截面中性轴的距离；

y_s——钢筋截面形心至钢筋和钢梁形成的组合截面中性轴的距离。

2.2.4 计算系数及其他有关符号

k——连接件刚度系数；

n_0——钢材与混凝土弹性模量的比值；

n_L——长期弹性模量比；

n_s——连接件在一根梁上的列数；

α_{LT}——缺陷系数；

γ_{Ff}——疲劳荷载分项系数；

γ_{Mf}——疲劳抗力分项系数

$\gamma_{Mf,s}$——剪力连接件疲劳抗力分项系数；

γ_0——结构重要性系数；

χ_{LT}——组合梁侧向扭曲折减系数；

$\overline{\lambda}_{LT}$——换算长细比；

ψ_L——徐变因子；

ζ——刚度折减系数。

3　材料

3.0.1　钢筋混凝土构件混凝土强度等级不应低于 C30；预应力混凝土构件混凝土强度等级不应低于 C40。

条文说明

考虑到钢混组合构件一般用于主要受力构件，因此规定钢筋混凝土构件采用的混凝土强度等级不低于 C30。

3.0.2　混凝土相关设计指标应按现行《公路钢筋混凝土及预应力混凝土桥涵设计规范》（JTG D62）的规定取用。

3.0.3　普通钢筋及预应力钢筋的相关设计指标应按现行《公路钢筋混凝土及预应力混凝土桥涵设计规范》（JTG D62）的规定取用。

3.0.4　钢材相关设计指标应按现行《公路钢结构桥梁设计规范》（JTG D64）的规定取用。

4 设计基本规定

4.1 设计原则

4.1.1 组合桥梁设计应根据建设条件、结构受力性能、耐久性、施工、工期、经济性、景观、运营管理、养护等因素，合理确定结构形式、跨径布置、截面构造、混合梁钢混结合部位置及结构形式。

条文说明

组合梁一般用于跨径 30～100m 的梁桥、700m 以内的斜拉桥以及中小跨径的悬索桥。

混合梁斜拉桥充分发挥了钢与混凝土材料的特性，有很好的经济性，同时具有很强的建设条件适应性。当中跨跨径较大，而通航、地形、水文、地质等条件适宜边跨采用混凝土梁时，可采用混合梁斜拉桥，如中国鄂东长江大桥、香港昂船洲大桥，日本多多罗大桥，法国诺曼底大桥等。

对混凝土梁式桥（连续梁和连续刚构），由于梁自重大，其跨径受到限制，为了增大其跨越能力，可将其主跨跨中的一部分采用钢梁，即混合梁梁式桥，如重庆石板坡长江大桥。

混合构件能充分发挥钢与混凝土材料的特性，桥梁索塔、拱肋、斜拉索塔端锚固构造、桁架杆件、桥面板等，有的选择采用混合构件的结构形式。

4.1.2 组合梁尺寸和构造应保证具有合理的抗弯、抗扭刚度，梁截面中性轴宜位于钢梁截面范围内。

4.1.3 组合梁及组合构件在钢与混凝土交界面应设置连接件，宜采用焊钉或开孔板连接件。

4.1.4 组合梁及组合构件除应考虑正常的温度效应外，尚应考虑由于钢材和混凝土两种材料不同的线膨胀系数引起的效应影响。

4.1.5 组合梁应根据组合截面形成过程对应的各工况及结构体系进行计算。

4.1.6 组合构件应满足延性的要求，混凝土板在组合截面临近塑性弯矩时不得出现压碎和剥落。

4.1.7 混合梁（构件）钢混结合部截面刚度过渡应均匀、平顺。钢混结合部两侧钢与混凝土截面的重心位置宜一致。

条文说明

对同一受力构件，结合面两侧的钢、混凝土截面的重心位置设置一致，以避免因结合部截面重心位置突变而引起较大的附加弯矩。

4.2 作用及作用组合

4.2.1 组合桥梁设计应考虑可能同时出现的所有作用，按承载能力极限状态和正常使用极限状态进行作用组合。

4.2.2 组合桥梁施工阶段的作用组合，应根据实际情况确定，结构上的施工人员和施工机具设备等均应作为可变作用加以考虑。

5 组合梁

5.1 一般规定

5.1.1 钢梁可采用Ⅰ形、闭口或槽形箱梁截面形式；混凝土板可采用现浇混凝土板、叠合混凝土板、预制混凝土板或压型钢板组合板等形式。

5.1.2 组合梁的剪力连接件应能够承担钢梁和混凝土板间的纵桥向剪力及横桥向剪力，同时应能抵抗混凝土板与钢梁间的掀起作用。

条文说明

剪力连接件是保证钢梁与混凝土板共同受力的关键部件。组合梁连接件需承受混凝土板与钢梁之间的纵桥向及横桥向剪力，一般以纵桥向剪力为主。当相邻主梁间距较大且主梁间横向联结较弱时，剪力连接件有可能承受较大的横桥向剪力和竖向拉拔力。此时，组合梁应具有足够的构造措施抵抗混凝土板与钢梁间的掀起作用。

5.2 设计原则

5.2.1 组合梁的持久状况应按承载能力极限状态的要求，进行承载力及稳定性计算，必要时尚应进行结构的倾覆和界面滑移验算。在进行承载能力极限状态计算时，作用（或荷载）组合应采用作用基本组合，结构材料性能应采用其强度设计值。

条文说明

组合梁设计采用基于概率理论的极限状态设计方法，在进行承载力及稳定性计算时，作用效应及材料性能均采用已考虑分项系数的设计值。

5.2.2 组合梁的持久状况设计应按正常使用极限状态的要求，对组合梁的抗裂、裂缝宽度和挠度进行验算，并满足本规范第5.4节的要求。在进行正常使用极限状态计算时，作用（或荷载）组合应采用作用频遇组合、准永久组合。

5.2.3 组合梁的短暂状况设计应对组合梁在施工过程中各个阶段的承载能力及稳定

性进行验算，必要时尚应进行结构的倾覆验算。承载能力验算应采用作用基本组合，稳定验算应符合现行《公路钢结构桥梁设计规范》（JTG D64）的规定。

条文说明

通常情况下，组合梁桥分阶段施工完成，施工期间存在结构体系转换，因而实际设计时应考虑施工过程的影响，验算施工过程中的结构承载力及稳定性。除非有特殊要求，短暂状况一般不进行正常使用极限状态计算，通过施工或构造措施，防止构件出现过大的变形或裂缝。

5.2.4 组合梁进行抗疲劳设计时，应符合现行《公路钢结构桥梁设计规范》（JTG D64）的规定。

条文说明

钢结构的抗疲劳设计目前采用容许应力幅法按弹性状态计算，疲劳荷载计算模型及相关计算规定应符合现行《公路钢结构桥梁设计规范》（JTG D64）的要求。

5.3 计算规定

5.3.1 计算组合梁截面特性时，应采用换算截面法，其中混凝土板取有效宽度范围内的截面。截面抗弯刚度分为未开裂截面刚度 EI_{un} 和开裂截面刚度 EI_{cr}。计算开裂截面惯性矩 I_{cr} 时，应计入混凝土板有效宽度内纵向钢筋的作用，不考虑受拉区混凝土对刚度的影响。

条文说明

将混凝土板有效宽度范围内的混凝土板面积除以弹性模量比等效替换成钢材面积，此时将组合梁视为同一材料，计算组合梁的截面特性值。组合梁中如存在负弯矩区，计算截面抗弯刚度时应考虑混凝土开裂的影响。

5.3.2 组合梁混凝土板有效宽度应符合下列规定：

1 组合梁各跨跨中及中间支座处的混凝土板有效宽度 b_{eff} 应按下式计算，且不应大于混凝土板实际宽度：

$$b_{eff} = b_0 + \sum b_{ef,i} \tag{5.3.2-1}$$

$$b_{ef,i} = \frac{L_{e,i}}{6} \leq b_i \tag{5.3.2-2}$$

式中：b_0——外侧剪力连接件中心间的距离（mm）；

$b_{ef,i}$——外侧剪力连接件一侧的混凝土板有效宽度（mm），如图 5.3.2c）所示；

b_i——外侧剪力连接件中心至相邻钢梁腹板上方的外侧剪力连接件中心的距离的一半，或外侧剪力连接件中心至混凝土板自由边间的距离；

$L_{e,i}$——等效跨径（mm），简支梁应取计算跨径，连续梁应按图 5.3.2 a）取。

2 简支梁支点和连续梁边支点处的混凝土板有效宽度 b_{eff} 可按下式计算：

$$b_{eff} = b_0 + \sum \beta_i b_{ef,i}$$ （5.3.2-3）

$$\beta_i = 0.55 + 0.025 \frac{L_{e,i}}{b_i} \leqslant 1.0$$ （5.3.2-4）

式中：$L_{e,i}$——边跨的等效跨径（mm），如图 5.3.2a）所示。

3 混凝土板有效宽度 b_{eff} 沿梁长的分布，可假设为如图 5.3.2 b）所示的形式。

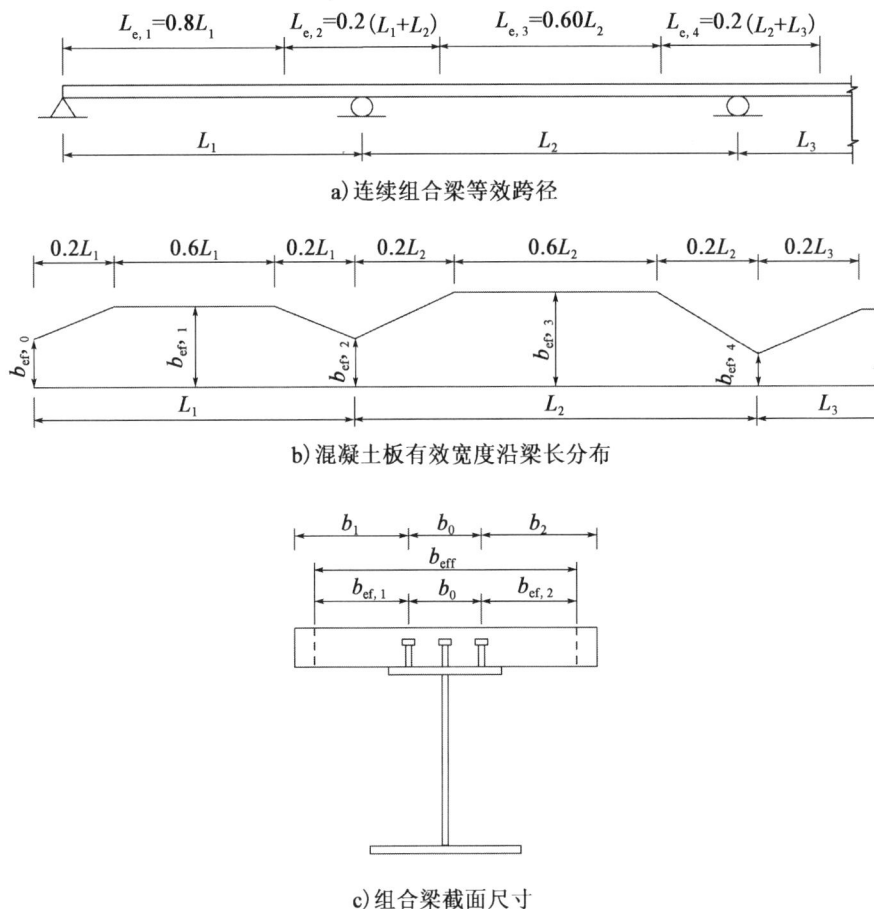

a) 连续组合梁等效跨径

b) 混凝土板有效宽度沿梁长分布

c) 组合梁截面尺寸

图 5.3.2 组合梁等效跨径及混凝土板有效宽度

4 预应力组合梁在计算预加力引起的混凝土应力时，预加力作为轴向力产生的应力可按实际混凝土板全宽计算；由预加力偏心引起的弯矩产生的应力可按混凝土板有效宽度计算。

5 对超静定结构进行整体分析时，组合梁的混凝土板有效宽度可取实际宽度。

6 混凝土板承受斜拉索、预应力束或剪力连接件等集中力作用时，可认为集中力从锚固点开始按67°扩散角在混凝土板中传递。

条文说明

与混凝土梁桥类似，组合梁混凝土板同样存在剪力滞后效应，目前各国规范均采用有效宽度的方法考虑混凝土板剪力滞后效应，但有效宽度计算方法不尽相同。

欧洲规范4（EuroCode 4）的混凝土板有效宽度是根据弹性分析得出的，可以用于塑性或非线性分析。当进行结构整体分析时，全跨采用相同的有效宽度。欧洲规范4的混凝土板有效宽度由中间部分和悬臂部分组成，其中中间部分的宽度为最外侧剪力连接件的距离。单侧混凝土板有效宽度规定为$l_0/8$，且不大于b_i，l_0为梁弯矩零点的间距。

本规范对组合梁混凝土板有效宽度的规定与《公路钢结构桥梁设计规范》（JTG D64—2015）一致，主要沿用了《公路钢结构及木结构设计规范》（JTJ 025—86）的规定，同时参考欧洲规范4取消了混凝土板有效宽度与厚度相关的规定。混凝土板有效宽度与板厚相关的规定主要考虑混凝土板剪切破坏的影响。根据已有的工程实践经验和国内外已报道的组合梁剪力滞理论和试验研究结果，在适当的横向配筋条件下，极限状态下混凝土板一般不会出现纵向剪切破坏形态。

此外，引入了连续组合梁等效跨径的概念，将混凝土板有效宽度的规定推广至连续组合梁。边支点混凝土板有效宽度折减系数借鉴欧洲规范的规定。

本规范给出的组合梁混凝土板有效宽度计算方法仅适用于以受弯为主的组合梁，对承受压弯荷载共同作用的组合梁（例如斜拉桥主梁），混凝土板有效宽度取值宜采用更为精确的分析方法。

5.4 变形与裂缝控制

5.4.1 组合梁的竖向挠度限值应符合现行《公路钢结构桥梁设计规范》（JTG D64）的相关规定。

5.4.2 组合梁桥应设置预拱度，预拱度值宜等于结构自重标准值和1/2车道荷载频遇值所产生的竖向挠度之和，频遇值系数为1.0，并考虑施工方法和顺序的影响；预拱度设置应保持桥面曲线平顺。

5.4.3 组合梁的混凝土板最大裂缝宽度应满足现行《公路钢筋混凝土及预应力混凝土桥涵设计规范》（JTG D62）规定的限值要求。

6 组合梁桥面板

6.1 一般规定

6.1.1 当桥面板采用叠合混凝土板或预制混凝土板时，应采取有效措施保证新老混凝土结合并共同受力。

条文说明

当桥面板采用叠合混凝土板（图6-1）或预制混凝土板（图6-2）时，为保证桥面板具有良好的整体工作性能，新旧混凝土界面处应设有足够的抗剪构造，例如预制板板边设置齿槽，叠合混凝土板中的预制板表面拉毛及设置界面抗剪钢筋等。当采用预制板时，板端对应抗剪连接件的位置需采取专门构造措施，相邻预制板间钢筋需有效连接成整体；有条件情况下，宜适当扩大新老混凝土结合面的长度，避免结合面完全处于竖直状态。

采用叠合混凝土板施工方法较为简单，省去支模工序，且桥面板整体性能优于预制混凝土板。

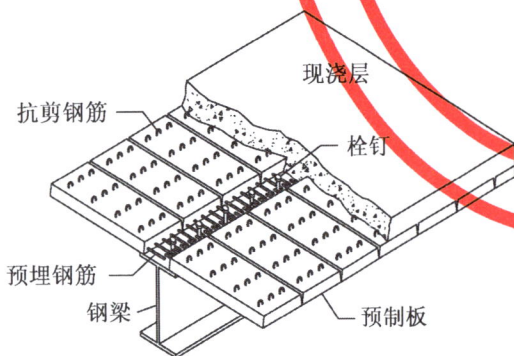

图6-1 叠合板组合梁构造图   图6-2 预制板组合梁构造图

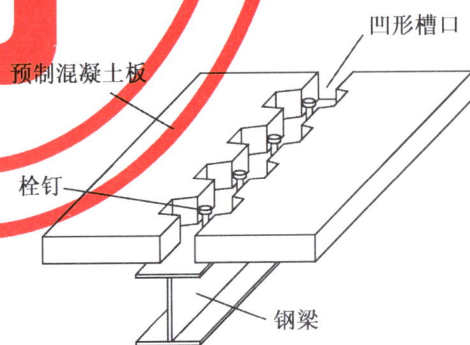

6.1.2 桥面板及板内钢筋除应满足桥梁整体受力要求外，尚应能抵抗由局部作用引起的效应。

条文说明

桥面板构成组合梁的上翼缘。一方面，桥面板与钢梁形成组合截面共同抵抗桥梁整体受力产生的效应;另一方面,桥面板需承担来自车轮荷载、温度作用、收缩徐变、预应力等引起的局部效应。桥面板应能够抵抗横桥向弯矩、剪力连接件集中布置时带来的集中剪力等局部荷载效应。

6.1.3 桥面板混凝土达到其设计强度的85%后,方可考虑混凝土板与钢梁的组合作用。

6.2 构造要求

6.2.1 桥面板一般可不设置承托。当主梁间距较大时,桥面板可根据实际需要设置承托。设置承托时,应使界面剪力传递均匀、平顺,承托斜边倾斜度不宜过大。承托的外形尺寸及构造(图6.2.1)应符合下列规定:

1 当承托高度在80mm以上时,应在承托底侧布置横向加强钢筋。横向加强钢筋的构造要求同本规范第6.2.2条关于下层横向钢筋的要求。

2 承托边至连接件外侧的距离不得小于40mm,承托外形轮廓应在由最外侧连接件根部起的45°角线的界限以外。

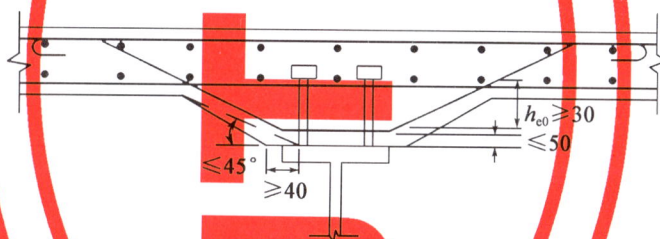

图6.2.1 承托构造图(尺寸单位:mm)

条文说明

为了保证承托中剪力连接件能够正常工作,规定了承托边缘距剪力连接件外侧的最小距离以及承托外形轮廓应在自抗剪连接件根部算起的最大仰角。因为承托中邻近钢梁上翼缘的部分混凝土受到剪力连接件的局部压力作用,容易产生劈裂,需要配筋加强。

承托的外形尺寸及构造在本条中所作的规定,在于保证承托中的连接件实际工况与连接件标准推出试验时的工况基本一致。

6.2.2 对于未设承托的桥面板,下层横向钢筋距钢梁上翼缘不应大于50mm,剪力连接件抗掀起端底面高出下层横向钢筋的距离 h_{e0} 不得小于30mm,下层横向钢筋间距不应大于 $4h_{e0}$ 且不应大于300mm。

6.2.3 组合梁桥面板的配筋应满足下列要求:

1 单位长度桥面板内横向钢筋总面积应满足下式要求:

$$A_e > \frac{\eta b_f}{f_{sd}} \tag{6.2.3}$$

式中：A_e——单位长度内垂直于主梁方向上的钢筋截面面积（mm^2/mm），按图6.3.1
和表6.3.4取值；

η——系数，$\eta = 0.8 N/mm^2$；

b_f——纵向抗剪界面在垂直于主梁方向上的长度，按图6.3.1所示的 a-a、b-b、
c-c 及 d-d 连线在剪力连接件以外的最短长度取值（mm）；

f_{sd}——普通钢筋强度设计值（MPa）。

2 桥面板横向钢筋尚应满足最小配筋率的要求。

3 桥面板中垂直于主梁方向的横向钢筋（即桥面板受力钢筋）可作为纵向抗剪的
横向钢筋。

4 穿过纵向抗剪界面的横向钢筋应满足现行《公路钢筋混凝土及预应力混凝土桥
涵设计规范》（JTG D62）规定的锚固要求。

5 在连续组合梁中间支座负弯矩区，桥面板上缘纵向钢筋应伸过梁的反弯点，并
满足现行《公路钢筋混凝土及预应力混凝土桥涵设计规范》（JTG D62）规定的锚固长
度要求；桥面板下缘纵向钢筋应在支座处连续配置，不得中断。

6 桥面板剪力集中作用的部位，应设置加强钢筋，条件允许时应垂直主拉应力方
向布置。

条文说明

组合梁的纵向抗剪承载力在很大程度上受到横向钢筋配筋率的影响。为保证组合梁
在达到承载能力极限状态之前不发生纵向剪切破坏，并考虑到荷载长期效应和混凝土收
缩徐变等不利因素的影响，桥面板横向钢筋需满足最小配筋率的要求。

梁端和支点附近的桥面板承受纵横向剪力、横向弯矩等复合作用，局部范围内桥面
板应力分布复杂，因而该部分的桥面板应配置能够承担剪力和主拉应力的横向加强钢
筋，宜采用 V 形筋布置于连接件间，高度方向宜配置在混凝土板截面中性轴附近。

6.2.4 桥面板采用预制板时，预制板安装前宜存放6个月以上。

条文说明

受钢梁的约束作用，混凝土收缩徐变将使桥面板产生拉应力，导致桥面板开裂，降
低结构耐久性。按照混凝土收缩徐变一般发展规律，混凝土大部分的收缩徐变在前3 ～
6 个月内完成。为降低混凝土收缩徐变效应，预制板安装前宜存放6个月以上。

6.3 纵向抗剪验算

6.3.1 进行组合梁承托及混凝土板纵向抗剪验算时，应分别验算图6.3.1所示的纵

向抗剪界面 a-a、b-b、c-c 及 d-d。

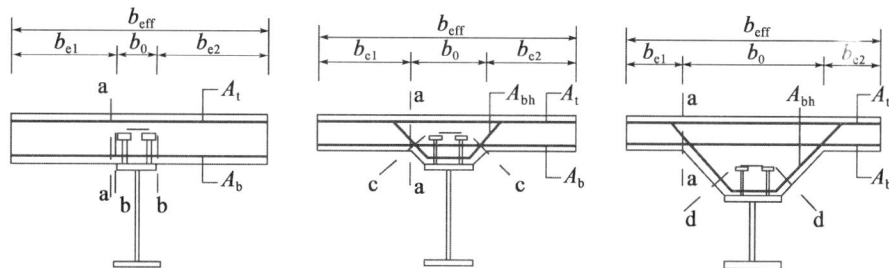

图 6.3.1 混凝土板纵向抗剪界面

A_t-混凝土板上缘单位长度内垂直于主梁方向的钢筋面积总和（mm^2/mm）；A_b、A_{bh}-混凝土板下缘、承托底部单位长度内垂直于主梁方向的钢筋面积总和（mm^2/mm）

条文说明

国内外众多试验表明，在剪力连接件集中剪力作用下，组合梁混凝土板可能发生纵向开裂现象，组合梁纵向抗剪能力与混凝土板尺寸及板内横向钢筋的配筋率等因素密切相关。

沿着一个既定的平面抗剪称为界面抗剪，组合梁的混凝土板（承托、翼板）在纵向水平剪力作用时属于界面抗剪。图 6.3.1 给出对应不同翼板形式的组合梁纵向抗剪最不利界面，a-a 抗剪界面长度为桥面板厚度，b-b 抗剪截面长度取刚好包络焊钉外缘时对应的长度，c-c、d-d 抗剪界面长度取最外侧的焊钉外边缘连线长度加上距承托两侧斜边轮廓线的垂线长度。

6.3.2 作用（或荷载）引起的单位长度内纵向抗剪界面上的纵向剪力应符合下列规定：

1 单位长度上 b-b、c-c 及 d-d 纵向抗剪界面（图 6.3.1）的纵向剪力 V_{ld} 应按下式计算：

$$V_{ld} = V_l \qquad (6.3.2-1)$$

2 单位长度上 a-a 纵向抗剪界面（图 6.3.1）的纵向剪力 V_{ld} 应按下式计算：

$$V_{ld} = \max\left\{\frac{V_l b_{e1}}{b_{eff}}, \frac{V_l b_{e2}}{b_{eff}}\right\} \qquad (6.3.2-2)$$

式中：V_l——作用（或荷载）引起的单位长度内钢和混凝土结合面上的纵向剪力，按本规范第 7.2.3 条的规定计算；

b_{e1}、b_{e2}——桥面板左右两侧在 a-a 界面以外的混凝土板有效宽度，如图 6.3.1 所示；

b_{eff}——混凝土板有效宽度。

6.3.3 组合梁承托及混凝土板应按下式进行纵向抗剪验算：

$$V_{ld} \leqslant V_{lRd} \qquad (6.3.3)$$

式中：V_{ld}——作用（或荷载）引起的单位长度内纵向抗剪界面上的纵向剪力；

$\qquad$ V_{lRd}——单位长度内混凝土板纵向抗剪承载力，按本规范第6.3.4条的规定计算确定。

6.3.4 单位长度内混凝土板纵向抗剪承载力应按下式计算：

$$V_{lRd} = \min\{0.7f_{td}b_f + 0.8A_ef_{sd}, 0.25b_ff_{cd}\} \tag{6.3.4}$$

式中：f_{td}——混凝土轴心抗拉强度设计值（MPa）；

$\qquad$ f_{cd}——混凝土轴心抗压强度设计值（MPa）；

$\qquad$ A_e——单位长度内垂直于主梁方向上的钢筋截面积，按表6.3.4取值。

表6.3.4　单位长度内垂直于主梁方向上的钢筋截面积 A_e

剪切面	a-a	b-b	c-c	d-d
A_e	$A_b + A_t$	$2A_b$	$2(A_b + A_{bh})$	$2A_{bh}$

条文说明

国内外研究表明，组合梁混凝土板纵向抗剪能力主要由混凝土和横向钢筋两部分提供。其中，横向钢筋配筋率对组合梁纵向抗剪承载力的影响最为显著，同时也需对混凝土截面所承受的剪应力水平进行限制。

计算 A_b 及 A_t 时，桥面板内设置的横向钢筋均可计入。

7　组合梁计算

7.1　作用效应计算

7.1.1　组合梁的作用效应计算应符合下列规定：

1　应按弹性方法进行计算，必要时应考虑结构的二阶效应。

2　应考虑施工方法及顺序的影响。

3　应考虑混凝土开裂、混凝土收缩徐变等因素的影响。

4　当剪力连接件按本规范第9章的相关规定进行设计时，组合梁作用效应计算可不考虑钢梁和混凝土桥面板之间的滑移效应。

条文说明

一般情况下，组合梁桥的钢梁板件宽厚比较大，截面类型对应于欧洲规范4中的第2类及第3类截面，组合梁截面塑性转动能力受到钢板局部屈曲的限制，因而本规范中推荐组合梁设计计算方法仍以弹性理论为基础，组合梁的作用效应及抗力计算均采用弹性方法，即假定钢材与混凝土为理想线弹性材料。

7.1.2　连续组合梁的整体分析应符合下列规定：

1　混凝土板按全预应力混凝土或部分预应力混凝土 A 类构件设计时，应采用未开裂分析方法，组合梁截面刚度取未开裂截面刚度 EI_{un}。

2　当混凝土板按部分预应力混凝土 B 类或普通钢筋混凝土构件设计时，应采用开裂分析方法，中间支座两侧各 $0.15L$（L 为梁的跨度）范围内组合梁截面刚度取开裂截面刚度 EI_{cr}，其余区段组合梁截面刚度取未开裂截面刚度 EI_{un}。

条文说明

桥面板按全预应力混凝土或部分预应力混凝土 A 类构件设计时，此时桥面板未开裂，应采用未开裂分析方法。此种情况下，需要对组合梁负弯矩区混凝土施加预应力，施工方法相对复杂，经济效益不甚理想；桥面板按部分预应力混凝土 B 类构件或钢筋混凝土构件设计时，允许混凝土板出现开裂现象，此时应采用开裂分析方法。

英国规范 BS5400 及欧洲规范 4 对连续组合梁考虑混凝土开裂时均规定：在距中间支座两侧各 $0.15L$（L 为梁的跨度）范围内，组合梁取用开裂截面刚度 EI_{cr}，其余区段仍取未开裂截面刚度 EI_{un}。有国外学者曾对上述处理混凝土开裂的方法进行过研究，认为开裂范围为 $0.15L$，该假设对于实际开裂范围在 $(0.08\sim0.25)L$ 之间的组合梁是足够精确的，误差在 5% 以内。

7.1.3 组合梁温度效应、混凝土收缩徐变的计算应符合下列规定：

1 组合梁应按现行《公路桥涵设计通用规范》（JTG D60）的相关规定计算温度效应。

2 混凝土板收缩产生的效应可按现行《公路钢筋混凝土及预应力混凝土桥涵设计规范》（JTG D62）的相关规定计算。

3 在进行组合梁桥整体分析时，可采用调整钢材与混凝土弹性模量比的方法考虑混凝土徐变的影响，按式（7.1.3）计算。超静定结构中混凝土收缩徐变所引起的效应，宜采用有限元方法计算。

$$n_L = n_0\left[1 + \psi_L \phi(t,t_0)\right] \tag{7.1.3}$$

式中：　n_L——长期弹性模量比；

　　　　n_0——短期荷载作用下钢与混凝土的弹性模量比，$n_0 = \dfrac{E}{E_c}$；

　　　　E_c——混凝土弹性模量；

　　　　E——钢材弹性模量；

　　$\phi(t,t_0)$——加载龄期为 t_0，计算龄期为 t 时的混凝土徐变系数，应按现行《公路钢筋混凝土及预应力混凝土桥涵设计规范》（JTG D62）的相关规定计算；

　　　　ψ_L——根据作用（或荷载）类型确定的徐变因子，永久作用取 1.1，混凝土收缩作用取 0.55，由强迫变形引起的预应力作用取 1.5。

条文说明

1 由于钢材和混凝土两种材料弹性模量不同，因两者的温度不同引起截面应力重分布。根据实际调查结果，组合梁的温差分布沿组合梁的高度是变化的。本规范参照《公路桥涵设计通用规范》（JTG D60—2015）的相关规定，组合梁温度作用考虑整体温升（降）及温度梯度两种效应。

2 在无可靠技术资料作依据时，作为简化分析方法，现浇混凝土板收缩产生的效应可按组合梁钢梁与混凝土板之间的温差 −15℃ 计算。

3 组合梁混凝土收缩徐变效应的计算主要采用简化分析方法，未考虑混凝土材料、截面尺寸、环境湿度及加载龄期的影响。

本条规定与《公路钢结构桥梁设计规范》（JTG D64—2015）对组合梁收缩徐变效应的计算思路一致，即混凝土收缩采用等效温降计算，混凝土徐变则采用有效弹性模量方法。考虑徐变时，混凝土考虑长期效应的有效模量比不再取为固定的 $k=0.4$ 或 $k=0.5$，而是结合混凝土徐变系数发展曲线确定，其中根据荷载类型确定的徐变因子 ψ_L，永久作用取 1.1，混凝土收缩作用取 0.55，由强迫变形引起的预应力作用取 1.5。徐变因子取值参照欧洲规范 4。

在超静定结构中，混凝土收缩徐变将引起结构内力重分布，故建议采用有限元方法等较为精确的分析方法计算组合梁收缩徐变效应。

7.2 强度计算

7.2.1 抗弯计算应符合下列规定：

1 计算组合梁抗弯承载力时，应考虑施工方法及顺序的影响，并应对施工过程进行抗弯验算，施工阶段作用组合效应应符合现行《公路桥涵设计通用规范》(JTG D60)的规定。

2 组合梁截面抗弯承载力应采用线弹性方法进行计算，以截面上任意一点达到材料强度设计值作为抗弯承载力的标志，并应符合下列规定：

$$\sigma = \sum_{i=\text{I}}^{\text{II}} \frac{M_{\text{d},i}}{W_{\text{eff},i}} \tag{7.2.1-1}$$

$$\gamma_0 \sigma \leqslant f \tag{7.2.1-2}$$

式中：i——变量，表示不同的应力计算阶段；其中，$i = \text{I}$ 表示未形成组合梁截面（钢梁）的应力计算阶段；$i = \text{II}$ 表示形成组合梁截面之后的应力计算阶段；

$M_{\text{d},i}$——对应不同应力计算阶段，作用于钢梁或组合梁截面的弯矩设计值（N·mm）；

$W_{\text{eff},i}$——对应不同应力计算阶段，钢梁或组合梁截面的抗弯模量（mm³）；

f——钢筋、钢梁或混凝土的强度设计值（MPa）。

3 计算组合梁抗弯承载力时应考虑混凝土板剪力滞效应的影响。

4 计算组合梁负弯矩区抗弯承载力时，如考虑混凝土开裂的影响，应不计负弯矩区混凝土的抗拉贡献，但应计入混凝土板翼缘有效宽度内纵向钢筋的作用。

7.2.2 组合梁的竖向抗剪承载力应按下列原则计算：

1 组合梁竖向抗剪验算应按下式计算：

$$\gamma_0 V_{\text{vd}} \leqslant V_{\text{vu}} \tag{7.2.2-1}$$

$$V_{\text{vu}} = f_{\text{vd}} A_{\text{w}} \tag{7.2.2-2}$$

式中：V_{vd}——组合梁的竖向剪力设计值（N）；

V_{vu}——组合梁的竖向抗剪承载力（N）；

A_{w}——钢梁腹板的截面面积（mm²）；

f_{vd}——钢梁腹板的抗剪强度设计值（MPa）。

2 组合梁承受弯矩和剪力共同作用时，应考虑两者耦合的影响，腹板最大折算应力应按下式验算：

$$\sqrt{\sigma^2 + 3\tau^2} \leqslant 1.1 f_{\text{d}} \tag{7.2.2-3}$$

式中：σ、τ——钢梁腹板同一点上同时产生的正应力、剪应力（MPa）；

f_d——钢材抗拉强度设计值（MPa）。

条文说明

试验研究表明，受弯构件的剪力 V_d 假定全部由钢梁腹板承受，即按式（7.2.2-1）计算组合梁竖向抗剪承载力时，计算结果偏于安全，因为混凝土板的抗剪作用亦较大，混凝土板对组合梁竖向抗剪承载力的贡献可达 20% ~40%。

当组合梁承受弯、剪共同作用时，组合梁抗剪承载力随截面所承受的弯矩的增大而减小，由于截面抗力计算基于弹性方法，因而以最大折算应力的方式考虑组合梁弯剪共同作用。

7.2.3 组合梁的纵向剪力应按下列原则计算：

1 剪力连接件的作用（或荷载）包括形成组合截面之后的永久作用和可变作用。

2 组合梁中的钢梁与混凝土板结合面纵桥向剪力作用按未开裂分析方法计算，不考虑负弯矩区混凝土开裂的影响。

3 钢梁与混凝土板之间单位长度上的纵桥向水平剪力 V_l 按下式计算。剪力连接件的数量宜按剪力包络图形状进行分段计算，在相应区段内均匀布置。

$$V_l = \frac{VS}{I_{un}} \tag{7.2.3-1}$$

式中：V——形成组合截面之后作用于组合梁的竖向剪力（N）；

S——混凝土板对组合截面中性轴的面积矩（mm³）；

I_{un}——组合梁未开裂截面惯性矩（mm⁴）。

4 梁端部结合面上由于预应力束集中锚固力、混凝土收缩徐变变形及温差引起的纵桥向剪力，由梁端部长度 l_{cs} 范围内的剪力连接件承受。梁端部结合面上单位梁长由集中锚固力、混凝土收缩徐变变形及温差引起的最大纵向剪力 V_{ms} 为：

$$V_{ms} = \frac{2V_h}{l_{cs}} \tag{7.2.3-2}$$

式中：V_h——由预应力束集中锚固力、混凝土收缩徐变变形及温差的初始效应在钢梁和混凝土板结合面上产生的纵桥向水平剪力（N）；

l_{cs}——由预应力集中锚固力、混凝土收缩徐变变形及温差引起的纵桥向水平剪力计算传递长度（mm），取主梁腹板间距和主梁等效计算跨径的 1/10 中的较小值。

条文说明

1 组合梁剪力连接件的作用（荷载）仅包括钢梁与混凝土板组合后的各种荷载。

2 在计算纵桥向剪力作用时，按弹性理论假设混凝土板和钢梁完全结合来计算，不计钢与混凝土间的黏结力及摩擦作用，不考虑负弯矩区混凝土开裂的影响。

3 计算剪力连接件配置数量时，可将梁上的剪力分段处理，求出每个区段上单位长度纵向剪力的平均值 $V_{\mathrm{ld}i}$（或该区段的最大值）和区段长度 l_i，该区段内的剪力连接件均匀布置（图7-1）；当按区段单位长度纵向剪力平均值进行设计时，应保证单个剪力连接件所受到的最大剪力不大于其抗剪承载力的 1.1 倍。每个区段内剪力连接件的个数可由下式确定：

$$n_i = \frac{V_{\mathrm{ld}i}l_i}{V_{\mathrm{su}}}$$ （7-1）

式中：V_{su}——单个焊钉抗剪承载力。

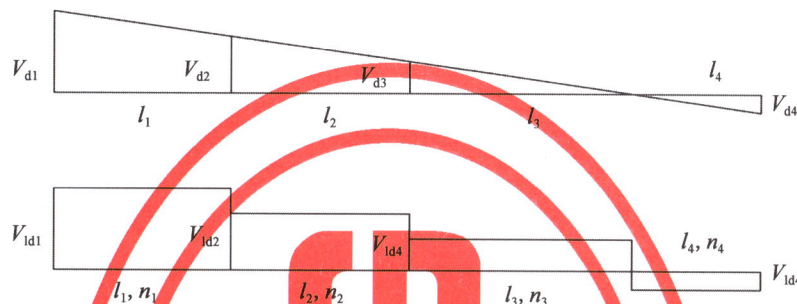

图 7-1 剪力分段示意图

4 桥面板由于预应力锚固、混凝土收缩徐变和混凝土板与钢梁间的温差产生的剪力主要集中在主梁端部，剪力大小由梁端向跨中方向逐渐递减。

如表 7-1 所示，各国规范中对纵桥向剪力计算传递长度有不同的规定。本规范与《公路钢结构桥梁设计规范》（JTG D64—2015）规定一致，偏保守地采用主梁间距与 1/10 等效计算跨径中的较小值，等效计算跨径取值参照本规范第 5.3.2 条规定。

表 7-1 各国规范对纵桥向剪力计算传递长度的规定

各 国 规 范	梁端纵向剪力传递长度
中国《公路桥梁钢结构设计规范》	min｛主梁相邻腹板间距，1/10 主梁跨径｝
中国《铁路桥结合梁设计规定》	收缩产生：$l_{\mathrm{cs}} = 2\sqrt{\dfrac{\mu Q_{\mathrm{s}}}{\varepsilon_{\mathrm{s}}}}$ 温度产生：$l_{\mathrm{ct}} = 2\sqrt{\dfrac{\mu Q_{\mathrm{t}}}{\alpha t}}$
日本《道路桥示方书·同解说》	min｛主梁间距，1/10 桥梁跨径｝
英国规范 BS5400	温度产生：$l_{\mathrm{s}} = \sqrt{\dfrac{KQ}{\Delta f}}$ 或 1/5 有效跨径（在采用焊钉时）
欧洲规范 4（EuroCode4）	混凝土板有效宽度

预应力束集中锚固力、混凝土收缩徐变或温差的初始效应是指各荷载在组合截面上产生的效应。

7.3 稳定计算

7.3.1 组合梁的稳定计算应符合下列规定：

1 施工期间组合梁应具有足够的侧向刚度和侧向约束（支撑），以保证钢梁不发生整体失稳。组合梁桥由多根钢梁构成时，支承处应设置横向联结系，并要求具有足够的刚度，其他位置宜根据实际需要布置横向联结系。钢梁稳定性验算应符合现行《公路钢结构桥梁设计规范》（JTG D64）的有关规定。

2 混凝土板与钢梁有效连接成整体后，组合梁正弯矩区段可不进行整体稳定性验算。

3 组合梁腹板加劲肋的设置宜考虑形成组合截面后钢梁腹板受压区高度变化的影响，进行合理设计。

4 连续组合梁负弯矩区钢梁为箱形截面或者下翼缘有可靠的横向约束，且腹板有加劲措施时，可不必进行负弯矩区侧扭稳定性验算，否则应按本规范第7.3.2条规定对钢梁侧扭稳定性进行验算。

条文说明

1 组合梁在混凝土板硬化之前，钢梁独自承担外部作用，各钢梁之间设置必要的横向联结系，以保证施工期间钢梁不发生整体失稳。组合梁桥由多根钢主梁构成时，为保证各钢梁协同工作，降低混凝土板与钢梁间的拉拔力，沿纵桥向宜布置一定数量的横向联结系。支承处横向联结系对抵抗桥梁整体扭转，将扭矩和水平力传递到支座具有显著的作用，且在桥面板端部起到横向支承的作用，故支承处应设置具有足够刚度的横向联结系。

2 桥面板硬化之后，在正弯矩区段，桥面板对钢梁的受压翼缘形成有效侧向约束，此时无须进行组合梁整体稳定性验算。

3 形成组合截面之后，组合梁截面中性轴位置较原来钢梁截面中性轴发生了移动，引起钢梁受压区高度变化。组合梁腹板加劲肋设置时宜考虑钢梁腹板受压区高度变化的影响，进行合理设计。

4 组合梁的侧扭失稳是一种介于钢梁局部失稳和整体失稳之间的一种失稳模式。对于组合梁侧向扭转屈曲计算方法，美国、日本等国规范均未给出具体规定，而是借用了钢梁侧扭稳定性相关规定。欧洲规范4在大量研究工作的基础上，给出了考虑混凝土板侧向支撑和钢梁截面特征的组合梁侧扭失稳临界荷载计算方法。本规范对连续组合梁负弯矩区段侧扭稳定性的计算规定主要参考欧洲规范4的规定。欧洲规范4验算组合梁整体稳定性的计算方法比较复杂，因此设计时应尽量通过合理的布置和构造来避免侧扭失稳限制组合梁承载力的充分发挥。

7.3.2 连续组合梁负弯矩区侧扭稳定性应按下列公式进行验算：

$$\frac{M_{d}}{M_{b,Rd}} \leqslant 1.0 \tag{7.3.2-1}$$

$$M_{b,Rd} = \chi_{LT}M_{Rd} \tag{7.3.2-2}$$

$$\chi_{LT} = \frac{1}{\Phi_{LT} + \sqrt{\Phi_{LT}^2 - \overline{\lambda}_{LT}^2}}, 且\chi_{LT} \leqslant 1.0 \tag{7.3.2-3}$$

$$\Phi_{LT} = 0.5[1 + \alpha_{LT}(\overline{\lambda}_{LT} - 0.2) + \overline{\lambda}_{LT}^2] \tag{7.3.2-4}$$

$$\overline{\lambda}_{LT} = \sqrt{\frac{M_{Rk}}{M_{cr}}} \tag{7.3.2-5}$$

$$M_{Rk} = f_{y}W_{n} \tag{7.3.2-6}$$

式中：M_{d}——组合梁最大弯矩设计值；

$M_{b,Rd}$——组合梁侧向抗扭屈曲弯矩；

M_{Rd}——组合梁截面抗弯承载力；

χ_{LT}——组合梁侧向扭曲折减系数，由$\overline{\lambda}_{LT}$确定；

$\overline{\lambda}_{LT}$——换算长细比，$\overline{\lambda}_{LT} \leqslant 0.4$时，可不进行组合梁负弯矩区侧扭稳定性验算；

α_{LT}——缺陷系数，按表7.3.2-1和表7.3.2-2取值；

M_{Rk}——采用材料强度标准值计算得到的组合梁截面抵抗弯矩；

M_{cr}——组合梁侧向扭转屈曲的弹性临界弯矩，由"倒U形框架"模型侧向扭曲推导得出，计算方法应按附录A的规定执行；

f_{k}——钢材强度标准值；

W_{n}——组合截面净截面模量。

表7.3.2-1　侧向失稳曲线缺陷系数 α_{LT}

屈曲曲线类别	a	b	c	d
缺陷系数 α_{LT}	0.21	0.34	0.49	0.76

表7.3.2-2　侧向失稳曲线分类

截 面 类 型	限 值	屈曲曲线类别
轧制工字型截面	$\frac{h}{b} \leqslant 2$	a
	$\frac{h}{b} > 2$	b
焊接工字型截面	$\frac{h}{b} \leqslant 2$	c
	$\frac{h}{b} > 2$	d
其他类型截面	—	d

注：h为梁截面高度；b为梁截面宽度。

条文说明

　　组合梁负弯矩区侧扭稳定性验算方法主要参照欧洲规范4中的规定，考虑钢梁初始缺陷的影响，分为四类侧扭失稳曲线。组合梁侧向扭转屈曲的弹性临界弯矩M_{cr}采用

"倒 U 形框架"分析模型推导得出，计算方法详见附录 A。

7.4 疲劳计算

7.4.1 组合梁的抗疲劳设计应符合下列规定：

1 承受动应力的结构构件或连接件应进行疲劳验算。

2 在设计使用年限内，桥梁结构不应发生疲劳破坏。

3 组合梁疲劳验算应采用弹性分析方法。

4 组合梁疲劳荷载的选取应符合现行《公路钢结构桥梁设计规范》（JTG D64）的相关规定。

7.4.2 组合梁应按下列规定进行疲劳验算：

1 组合梁的钢梁及连接的疲劳设计与计算应符合现行《公路钢结构桥梁设计规范》（JTG D64）的相关规定。

2 剪力连接件位于始终承受压应力的钢梁翼缘时，应按下式进行疲劳验算：

$$\gamma_{Ff} \Delta \tau_{E2} \leqslant \frac{\Delta \tau_c}{\gamma_{Mf,s}} \qquad (7.4.2\text{-}1)$$

式中：$\Delta \tau_{E2}$ ——疲劳荷载计算模型Ⅱ或模型Ⅲ作用下剪力连接件等效剪应力幅，按现行《公路钢结构桥梁设计规范》（JTG D64）的相关规定计算，其中计算损伤等效系数 γ 时，$\gamma_1 = 1.55$；

$\Delta \tau_c$ ——对应于 200 万次应力循环的剪力连接件疲劳设计强度，$\Delta \tau_c = 90 MPa$；

γ_{Ff} ——疲劳荷载分项系数，取 1.0；

$\gamma_{Mf,s}$ ——剪力连接件疲劳抗力分项系数，取 1.0。

3 剪力连接件位于承受拉应力的钢梁翼缘时，应按下列公式进行疲劳验算：

$$\frac{\gamma_{Ff} \Delta \sigma_{E2}}{\dfrac{\Delta \sigma_c}{\gamma_{Mf}}} + \frac{\gamma_{Ff} \Delta \tau_{E2}}{\dfrac{\Delta \tau_c}{\gamma_{Mf,s}}} \leqslant 1.3 \qquad (7.4.2\text{-}2)$$

$$\frac{\gamma_{Ff} \Delta \sigma_{E2}}{\dfrac{\Delta \sigma_c}{\gamma_{Mf}}} \leqslant 1.0 \qquad \frac{\gamma_{Ff} \Delta \tau_{E2}}{\dfrac{\Delta \tau_c}{\gamma_{Mf,s}}} \leqslant 1.0 \qquad (7.4.2\text{-}3)$$

式中：$\Delta \sigma_{E2}$、$\Delta \sigma_c$ ——疲劳荷载作用下钢梁翼缘等效正应力幅、钢材疲劳抗力，按现行《公路钢结构桥梁设计规范》（JTG D64）的相关规定计算；

γ_{Mf} ——疲劳抗力分项系数，按现行《公路钢结构桥梁设计规范》（JTG D64）的相关规定取值。

条文说明

剪力连接件的疲劳寿命问题是组合梁疲劳设计的关键问题，各国规范对组合梁剪力连接件的疲劳设计方法仍采用容许应力幅进行计算。

日本《组合梁设计规范草案》规定焊钉的容许剪应力幅由下式计算：

$$\lg N + 8.55 \lg \Delta\tau = 23.42 \tag{7-2}$$

式中：N——失效的循环次数，即疲劳寿命；

$\Delta\tau$——焊钉焊接处平均剪应力幅（MPa）。

英国规范 BS5400 对 67 个焊钉的疲劳试验数据进行了回归分析，得到了单个焊钉设计疲劳寿命的计算公式：

$$N r^8 = 19.54 \tag{7-3}$$

式中：r——单个焊钉的剪力幅（kN）和名义静力极限抗剪承载力（kN）的比值；

N——失效的循环次数，即疲劳寿命。

美国 AASHTO 公路桥梁设计规范中所采用的焊钉疲劳寿命计算公式为 1966 年 Slutter 和 Fisher 等人拟合的公式：

$$N \sigma_r^{5.4} = 1.764 \times 10^{16} \tag{7-4}$$

式中：σ_r——焊钉焊接处的平均剪应力幅（MPa）。

在式（7-4）基础上，美国 AASHTO 公路桥梁设计规范发展了单个焊钉的疲劳抗剪承载力计算公式。规范规定，单个焊钉的疲劳抗剪承载力按下式计算：

$$Z_r = \alpha d^2 \geqslant \frac{38.0 d^2}{2} \tag{7-5}$$

$$\alpha = 238 - 29.5 \lg N \tag{7-6}$$

式中：Z_r——单个焊钉能够承受的最大剪力幅（N）；

d——焊钉直径（mm）；

N——失效的循环次数，即疲劳寿命。

欧洲规范 4 规定，对于埋于混凝土的圆柱头焊钉，其疲劳寿命计算公式如下式所示：

$$(\Delta\tau_R)^m N_R = (\Delta\tau_c)^m N_c \tag{7-7}$$

式中：$\Delta\tau_R$——焊钉焊接处的平均剪应力幅（MPa）；

N_R——疲劳循环次数；

m——常数，取 $m = 8$；

$\Delta\tau_c$——疲劳细节曲线上 $N_c = 2 \times 10^6$ 对应的应力幅值（图7-2），$\Delta\tau_c = 90\text{MPa}$。

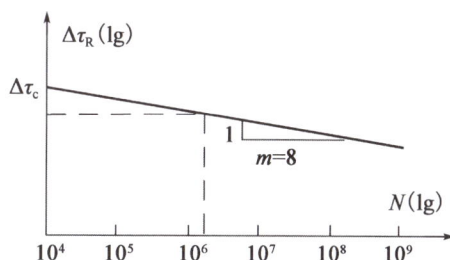

图7-2 圆柱头焊钉剪应力疲劳细节曲线

欧洲规范 4 和英国规范 BS5400、美国 AASHTO 公路桥梁设计规范以及日本规范不同，未考虑低应力幅对疲劳寿命的影响，偏于保守。同时欧洲规范4考虑了焊钉焊接在受拉区翼缘的不利影响。本条规定主要参考欧洲规范4的规定。

7.5 裂缝计算

7.5.1 组合梁负弯矩区混凝土板在正常使用极限状态下最大裂缝宽度 w_{fk} 应按现行《公路钢筋混凝土及预应力混凝土桥涵设计规范》（JTG D62）的相关规定计算。

7.5.2 由作用（或荷载）频遇组合效应引起的开裂截面纵向受拉钢筋的应力 σ_{ss} 应满足下列要求：

1 钢筋混凝土板应按下式计算：

$$\sigma_{ss} = \frac{M_s y_s}{I_{cr}} \qquad (7.5.2\text{-}1)$$

式中：M_s——形成组合作用之后，按作用（荷载）频遇组合效应计算的组合梁截面弯矩值；

I_{cr}——由纵向普通钢筋与钢梁形成的组合截面的惯性矩，即开裂截面惯性矩；

y_s——钢筋截面形心至钢筋和钢梁形成的组合截面中性轴的距离。

2 B类部分预应力混凝土板应按下式计算：

$$\sigma_{ss} = \frac{M_s \pm M_{p2} - N_p y_p}{I'_{cr}} y_{ps} \pm \frac{N_p}{A'_{cr}} \qquad (7.5.2\text{-}2)$$

式中：M_{p2}——由预加力在后张法预应力连续组合梁等超静定结构中产生的次弯矩；

N_p——考虑预应力损失后预应力钢筋的预加力合力；

y_p——预应力钢筋合力点至普通钢筋、预应力钢筋和钢梁形成的组合截面中性轴的距离；

y_{ps}——预应力钢筋和普通钢筋的合力点至普通钢筋、预应力钢筋和钢梁形成的组合截面中性轴的距离；

A'_{cr}——由纵向普通钢筋、预应力钢筋与钢梁形成的组合截面的面积；

I'_{cr}——由纵向普通钢筋、预应力钢筋与钢梁形成的组合截面的惯性矩。

条文说明

负弯矩区组合梁混凝土板工作性能接近于混凝土轴心受拉构件，由式（7.5.2-1）和式（7.5.2-2）计算得到组合梁混凝土板纵向钢筋平均应力，代替混凝土轴心受拉构件钢筋应力值，按钢筋混凝土轴心受拉构件计算负弯矩区组合梁混凝土板最大裂缝宽度。

7.6 变形计算

7.6.1 组合梁的变形计算应符合下列规定：

1 组合梁在正常使用极限状态下的挠度可根据构件刚度按结构力学方法计算。

2 计算组合梁在正常使用极限状态下的挠度时，应采用弹性分析方法考虑混凝土板开裂、收缩徐变及预应力的影响。

3 组合梁在正常使用极限状态下的挠度应按本规范第7.1.3条的规定考虑作用（或荷载）长期效应的影响。

7.6.2 组合梁的刚度计算应符合下列规定：

1 计算组合梁正常使用极限状态下的挠度时，简支组合梁截面刚度可取考虑滑移效应的折减刚度。连续组合梁采用未开裂分析方法时，全桥均应采用考虑滑移效应的折减刚度；连续组合梁采用开裂分析方法时，中支座两侧 $0.15L$ 范围以内区段组合梁截面刚度应取开裂截面刚度，其余区段组合梁截面刚度可取考虑滑移效应的折减刚度。

2 组合梁考虑滑移效应的折减刚度 B 可按下列公式计算：

$$B = \frac{EI_{un}}{1 + \zeta} \tag{7.6.2-1}$$

$$\zeta = \eta \left[0.4 - \frac{3}{(\alpha L)^2} \right] \tag{7.6.2-2}$$

$$\eta = \frac{36 E d_{sc} p A_0}{n_s k h L^2} \tag{7.6.2-3}$$

$$\alpha = 0.81 \sqrt{\frac{n_s k A_1}{E I_0 p}} \tag{7.6.2-4}$$

$$A_0 = \frac{A_c A}{n_0 A + A_c} \tag{7.6.2-5}$$

$$A_1 = \frac{I_0 + A_0 d_{sc}^2}{A_0} \tag{7.6.2-6}$$

$$I_0 = I_s + \frac{I_c}{n_0} \tag{7.6.2-7}$$

式中：E——钢材弹性模量（MPa）；

I_{un}——组合梁未开裂截面惯性矩（mm^4）；

ζ——刚度折减系数；当 $\zeta \leq 0$ 时，取 $\zeta = 0$；

A_c——混凝土板截面面积（mm^2）；

A——钢梁截面面积（mm^2）；

I_s——钢梁截面惯性矩（mm^4）；

I_c——混凝土板截面惯性矩（mm^4）；

d_{sc}——钢梁截面形心到混凝土板截面形心的距离（mm）；

  h——组合梁截面高度（mm）；

  L——组合梁跨度（mm）；当为连续组合梁时取等效跨度 $L_{e,i}$，如图 5.3.2 a）所示；

  k——连接件刚度系数，$k = V_{su}$（N/mm），V_{su} 为圆柱头焊钉抗剪承载力；

  p——连接件的平均间距（mm）；

  n_s——连接件在一根梁上的列数；

  n_0——钢材与混凝土弹性模量的比值；当采用作用（或荷载）准永久组合效应时，式（7.6.2-5）和式（7.6.2-7）中的 n_0 应采用考虑长期效应的换算模量比 n_L。

条文说明

  在正常使用极限状态下，组合梁各部分材料仍处于线弹性阶段，组合梁的变形可按弹性方法进行计算。具体计算方法为：将混凝土板的面积除以钢材与混凝土弹性模量的比值 n_0 换算为钢截面，再求出换算截面刚度 EI_{un} 计算组合梁的挠度。为使换算前后组合梁截面形心位置不变，换算截面时将混凝土板有效宽度除以 n_0 即可。当考虑混凝土在荷载长期作用下的徐变影响时，n_0 应为 n_L。

  试验研究表明，采用焊钉等柔性连接件的组合梁在混凝土板和钢梁界面将产生相对滑移，导致组合梁挠度增加。根据国内外试验结果，由混凝土板和钢梁间相对滑移引起的附加挠度通常在 10%～15%，因此，对组合梁换算截面刚度进行折减。

  对于连续组合梁，因负弯矩区混凝土板开裂后退出工作，所以实际上是变截面梁，在中间支座两侧各 0.15L 的范围内确定梁的截面刚度，不考虑混凝土板而只计入有效宽度 b_{eff} 范围内负弯矩钢筋截面对截面刚度的影响，在其余区段不应取组合梁的换算刚度而取折减刚度，按变截面梁来计算变形，计算值与试验结果吻合良好。

  本条所列的挠度计算方法与《钢结构设计规范》（GB 50017—2003）中的规定一致。

7.7 预应力施加方法和计算

  7.7.1 预应力组合梁桥的预应力施加方式可采用张拉预应力束法、预加荷载法、支点位移法等，也可综合使用以上方法，并采用合理的混凝土浇筑顺序或调整剪力连接件的作用时间。

  7.7.2 对连续组合梁桥，可采用张拉全桥布置的曲线或折线预应力束来施加预应力，也可仅对负弯矩区的混凝土板施加预应力，如图 7.7.2 所示。

  7.7.3 对连续组合梁桥，可采用预加荷载法或支点位移法，依靠钢梁的强迫变形对组合梁施加预应力，如图 7.7.3-1 和图 7.7.3-2 所示。

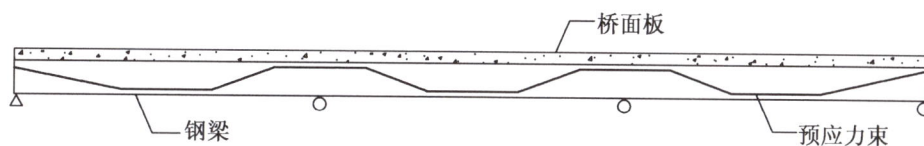

a)连续组合梁桥体外预应力束布置方式

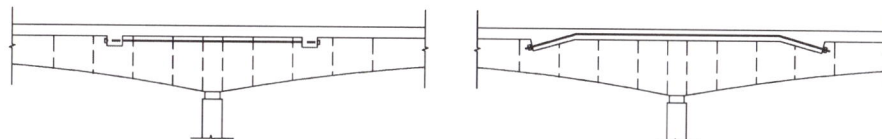

b)连续组合梁桥负弯矩区施加预应力

图7.7.2 张拉预应力束施加预应力

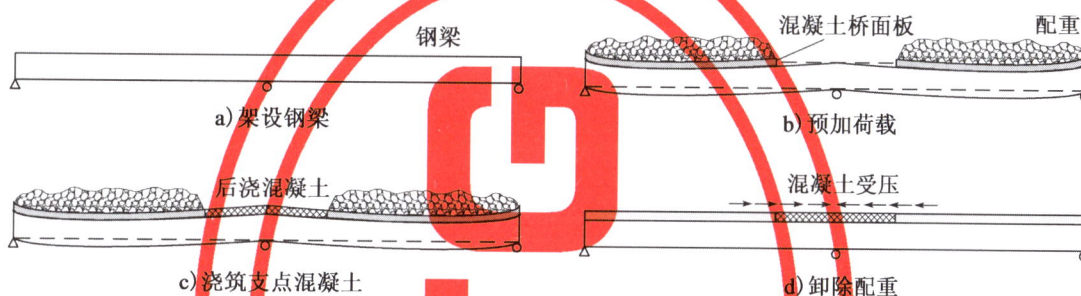

a)架设钢梁　　　　　　　　　　　b)预加荷载

c)浇筑支点混凝土　　　　　　　　d)卸除配重

图7.7.3-1 预加荷载法施加预应力

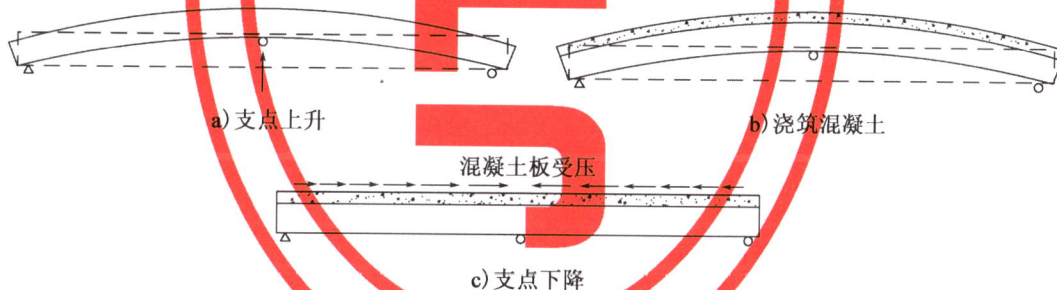

a)支点上升　　　　　　　　　　　b)浇筑混凝土

c)支点下降

图7.7.3-2 支点位移法施加预应力

条文说明

7.7.1~7.7.3 连续组合梁常用的预应力施加方法有张拉预应力束法、预加荷载法、支点位移法以及上述方法的综合使用。预加荷载法和支点位移法依靠钢梁的强迫弹性变形对混凝土板提供预应力效果，而张拉预应力束法则通过张拉预应力钢束对组合梁提供轴向预应力。上述三种预应力施加方式适用于不同的场合，实际操作时应因地制宜，根据现场具体情况选择采用。对于连续组合梁，正确安排桥面板混凝土浇筑顺序，可有效降低负弯矩区混凝土板的拉应力。

7.7.4 组合梁预应力损失计算应符合下列规定：

1 当组合梁采用张拉有黏结预应力束的预应力施加方法时，应考虑预应力束的预应力损失，并应按现行《公路钢筋混凝土及预应力混凝土桥涵设计规范》（JTG D62）的相关规定计算。

2 当组合梁采用张拉无黏结预应力束的预应力施加方法时，应考虑无黏结预应力束与转向装置的摩擦滑动影响，预应力束内力值应根据预应力束与全梁的变形协调条件进行计算。

3 当组合梁采用预加荷载法或支点位移法等预应力施加方法时，应按弹性分析方法计算钢梁强迫变形引起的预应力损失。

条文说明

本条给出第 7.7.1 条提出的组合梁预应力施加方法的预应力损失计算方法。组合梁采用张拉有黏结预应力束的预应力施加方法与预应力混凝土梁桥的预应力施加方法无异，混凝土板内预应力筋的预应力损失可按现行《公路钢筋混凝土及预应力混凝土桥涵设计规范》（JTG D62）的相关规定进行计算。当组合梁采用张拉无黏结预应力束的预应力施加方法时，应考虑预应力筋在转向块处和梁体之间可以发生自由滑动，无黏结筋的内力值和结构的整体变形相关，因此不能通过单个截面的变形协调来确定，而是要建立预应力筋和全梁的变形协调条件来确定。当组合梁采用预加荷载法和支点位移法等预应力施加方法时，预应力效果主要依靠钢梁自身的强迫弹性变形，应按弹性方法进行分析，设计时应考虑施工方法及顺序的影响。

8 混合结构

8.1 一般规定

8.1.1 本章适用于钢混混合梁、斜拉索塔端钢混锚固、钢混混合塔柱、钢横梁（钢斜撑）与混凝土塔柱结合、钢塔柱与混凝土承台结合、钢混混合拱肋、钢拱肋与混凝土基座结合、桁架钢混混合杆件、钢混混合桥面板及其他混合结构结合部的设计。

条文说明

为充分发挥钢和混凝土各自的材料性能优势，工程师将钢构件和混凝土构件应用于桥梁的同一构件。除了本规范规定的组合梁外，目前应用较多的还有一种构造：钢、混凝土结构各自作为构件存在，两者通过一定的连接件结合成一体，承担并传递荷载，这种构造称为"混合结构"。应用较普遍的有：混合梁、斜拉索塔端钢混锚固、混合塔柱、钢横梁（钢斜撑）与混凝土塔柱结合、钢塔柱与混凝土承台结合、混合拱肋、钢拱肋与混凝土基座结合、桁架混合杆件、混合桥面板、钢主梁与混凝土塔柱（桥墩）固结、钢管桩与混凝土承台结合、悬索桥锚碇内主缆索股锚固混合结构等。本章在总结国内外混合结构相关经验基础上，对各种混合结构结合部连接形式及构造要求、计算原则等进行了规定。

8.1.2 混合结构设计应遵循下列原则：

1 钢混结合部的位置应根据建设条件、结构受力、工程造价、施工等因素综合确定，斜拉桥混合梁钢混结合部位置还可结合主梁弯曲应变能综合确定。

2 结合面混凝土与承压钢板应紧密结合。

3 结合面两侧的钢、混凝土截面相对应的顶板、底板、腹板的重心位置宜设置一致。

4 对处于全截面受压状态的以承受轴向力为主的结合部，应采取合理、有效的构造将轴向力由截面面积较小的钢截面平顺、流畅地传递到面积较大的混凝土截面中去。

5 对承受弯矩较大的结合部，应采用施加预应力来平衡截面弯矩，使结合部处于全截面受压状态。

6 斜拉索塔端锚固区钢混结合部应采取合理、有效的构造将斜拉索的竖向分力和水平分力（或部分水平分力）有效地由钢结构传递到混凝土塔柱中去。

7 混合梁、混合塔柱及混合拱肋的结合连接处宜设置横隔板。

8　钢和混凝土的结合部应设置有效的连接件。

9　结合部连接构造应保证具有良好的抗开裂性、抗疲劳性和耐久性。

10　结合部钢结构设计应符合现行《公路钢结构桥梁设计规范》（JTG D64）的规定，应避免应力集中和局部失稳。

11　结合部构造设计应充分考虑方便施工与养护。

12　必要时宜开展钢混结合部整体比例缩尺模型和（或）局部足尺模型试验研究。

13　对需要保证钢板与混凝土间接触率的部位或构造，宜开展混凝土浇筑或压浆工艺试验研究。

条文说明

1　混合梁钢混结合部位置由各种因素综合确定。斜拉桥混合梁结合部宜设置在边跨、塔边跨侧或塔中跨侧弯矩较小处，也可设置在辅助墩顶或塔横梁处。梁桥混合梁结合部宜设置在反弯点附近。混合塔柱结合部可设置在下横梁上缘或上、中塔柱分界处。混合拱肋结合部可设置在桥面附近位置。

对于斜拉桥混合梁，可以恒载状态主梁弯曲应变能 U_b 尽量小来判断主梁结构受力的合理性，U_b 按式（8-1）计算：

$$U_b = \sum_{i=1}^{m} \frac{L_i}{4(EI)_i}(M_{iL}^2 + M_{iR}^2) \tag{8-1}$$

式中：　m——主梁单元总数；

L_i、$(EI)_i$——主梁第 i 单元的长度和抗弯刚度；

M_{iL}、M_{iR}——主梁第 i 单元的两端弯矩。

3　截面相对应的顶板、底板、腹板的重心位置设置一致，以避免钢侧截面的顶板、底板、腹板产生屈曲和失稳。在与结合部两侧钢、混凝土截面重心一致难以同时满足的情况下，以首先满足后者为主。

9　混合结构结合部连接部位构造及受力复杂，是桥梁结构的关键部位，也是薄弱部位，一旦损伤或破坏，修复难度大，从而影响整座桥梁的结构安全及使用寿命。因此，设计应保证其具有良好的抗开裂性、抗疲劳性和耐久性。

11　钢混结合部构造往往比较复杂，而钢结构加工制造质量及混凝土浇筑施工质量的好坏，会直接影响到两者的结合质量，进而影响到其受力的可靠性和运营的耐久性；而运营期的有效养护将为其耐久性提供有力保障。因此，结合部构造设计时，应充分考虑其施工与养护的方便性。

12　鉴于混合结构的工程实践尚少，在设计采用混合结构特别是大型关键结构的结合部时，宜开展整体比例缩尺模型和（或）局部足尺模型试验研究，以指导或验证设计。

13　钢板与混凝土间的密贴或有效接触是承压传力效果的根本保障，混凝土材料品质、浇筑施工工艺及质量直接影响到两者间的接触率。鉴于工程实践尚少，考虑到不同工程施工的特点，宜开展混凝土浇筑或压浆工艺试验研究，以保证钢板与混凝土间的接触率，进而有效承压传力。

8.2 结合部连接形式

8.2.1 钢混混合梁典型连接形式可分为全截面连接完全承压式［图8.2.1a)］、全截面连接承压传剪式［图8.2.1b)］、部分截面连接完全承压式［图8.2.1c)］和部分截面连接承压传剪式［图8.2.1d)］。

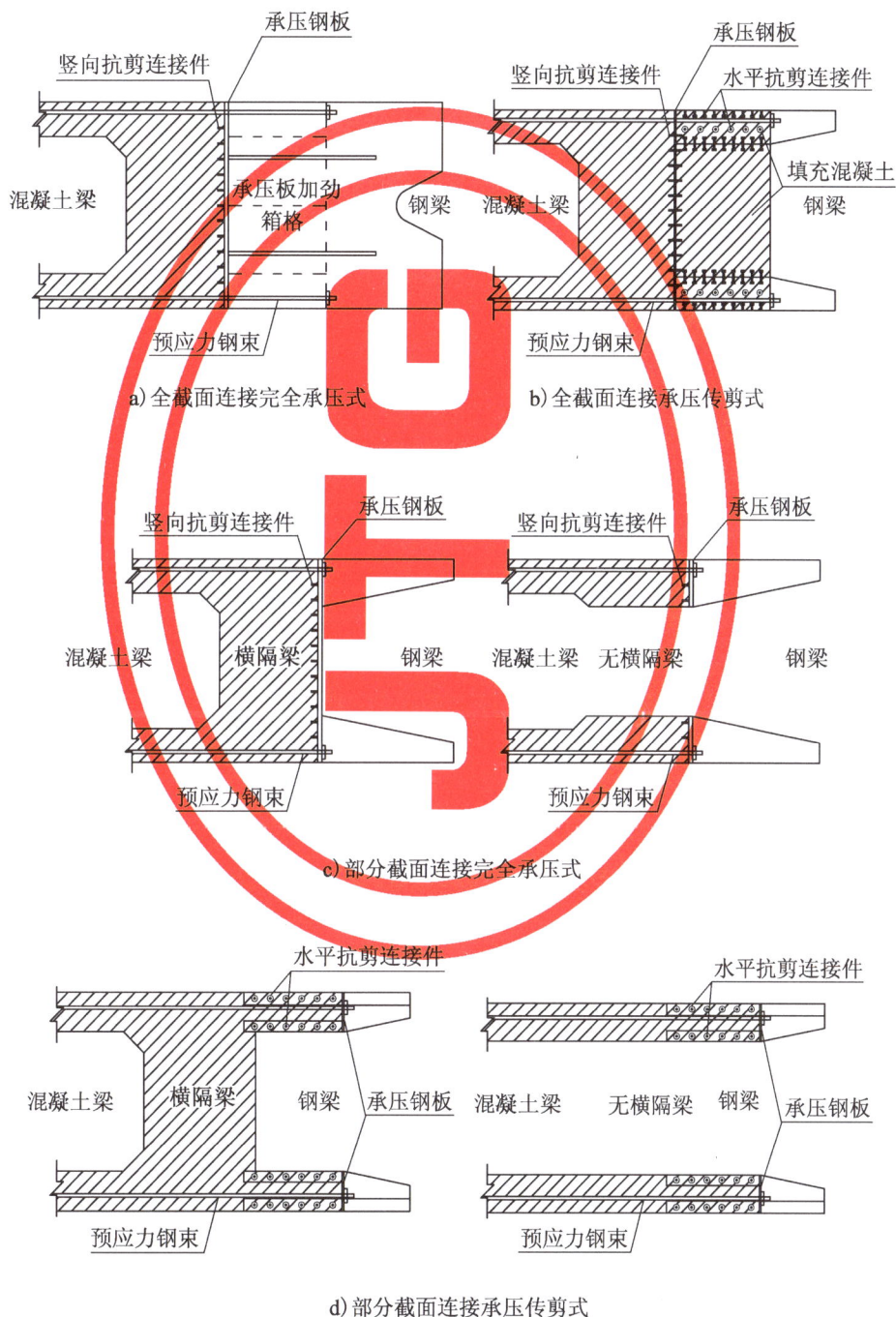

a) 全截面连接完全承压式

b) 全截面连接承压传剪式

c) 部分截面连接完全承压式

d) 部分截面连接承压传剪式

图 8.2.1 混合梁钢混连接形式

条文说明

全截面连接完全承压式：完全依靠承压钢板以承压方式传递梁的轴力，在承压钢板的钢梁侧设置箱格结构的加劲，使承压钢板全断面承压。竖向剪力由连接于承压钢板的竖向抗剪连接件传递。该方式连接处应力较小，但构造复杂。

全截面连接承压传剪式：依靠承压钢板以承压的方式和水平抗剪连接件以水平剪力的方式共同传递梁的轴力。在钢梁侧整个箱梁断面范围内填充混凝土，承压钢板厚度较小。由于钢梁的部分轴力通过水平抗剪连接件传至填充混凝土，使承压钢板的应力分布更加均匀。竖向剪力由连接于承压钢板的竖向抗剪连接件传递。该方式构造较复杂，施工操作困难。德国弗来埃桥采用该方式。

部分截面连接完全承压式：完全依靠承压钢板以承压的方式传递梁的轴力，以对应混凝土梁的顶板、底板、腹板断面范围的承压板传递轴力为主。竖向剪力由连接于承压钢板的竖向抗剪连接件传递。该方式应力传递直接，但需要较厚的承压钢板，截面的刚度变化比较剧烈。德国库尔特—舒马赫桥，中国汕头岩石大桥、舟山桃天门大桥采用该方式。

部分截面连接承压传剪式：依靠承压钢板以承压的方式和水平抗剪连接件以水平剪力的方式共同传递梁的轴力。仅在钢梁侧对应混凝土梁的顶板、底板、腹板断面范围的箱格内填充混凝土。竖向剪力由混凝土断面和连接于承压钢板的竖向抗剪连接件传递。该方式刚度过渡均匀，应力扩散好。日本生口桥、多多罗桥，中国鄂东长江大桥、荆岳长江大桥采用该方式。

对于受力主要为截面弯矩而轴力相对较小的混合梁，在弯矩、轴力共同作用下，可能会出现上缘或下缘受拉，结合部设置一定的预应力来保证顶板、底板、腹板截面均受压。因此，截面的连接仍以传递压力为主。连接构造为部分截面连接承压传剪式。典型连接构造如图 8-1 所示。

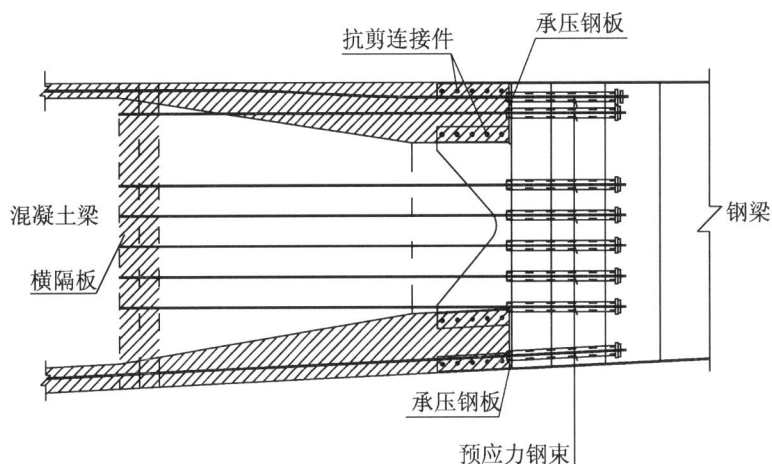

图 8-1　受弯为主的混合梁钢混连接构造

部分截面连接承压传剪式根据承压板设置的不同又可分为前后面承压板式（图 8-2）和后面承压板式 [图 8.2.1d)] 两种方式。

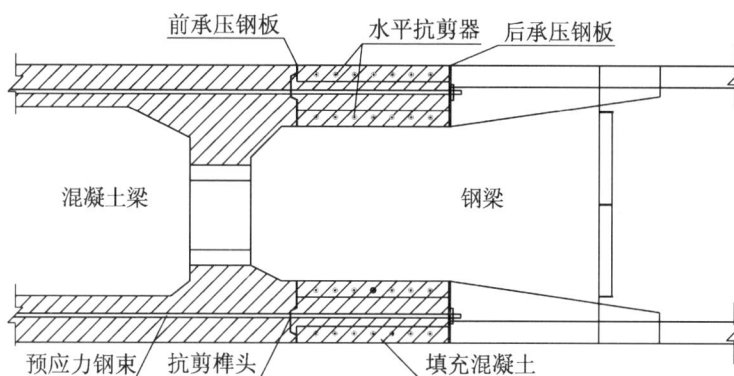

图 8-2 部分截面连接承压传剪式前后面承压板式

8.2.2 斜拉索塔端钢混锚固结构形式可分为内置式钢锚箱〔图 8.2.2a）〕、外露式钢锚箱〔图 8.2.2b）〕和钢锚梁〔图 8.2.2c）〕。

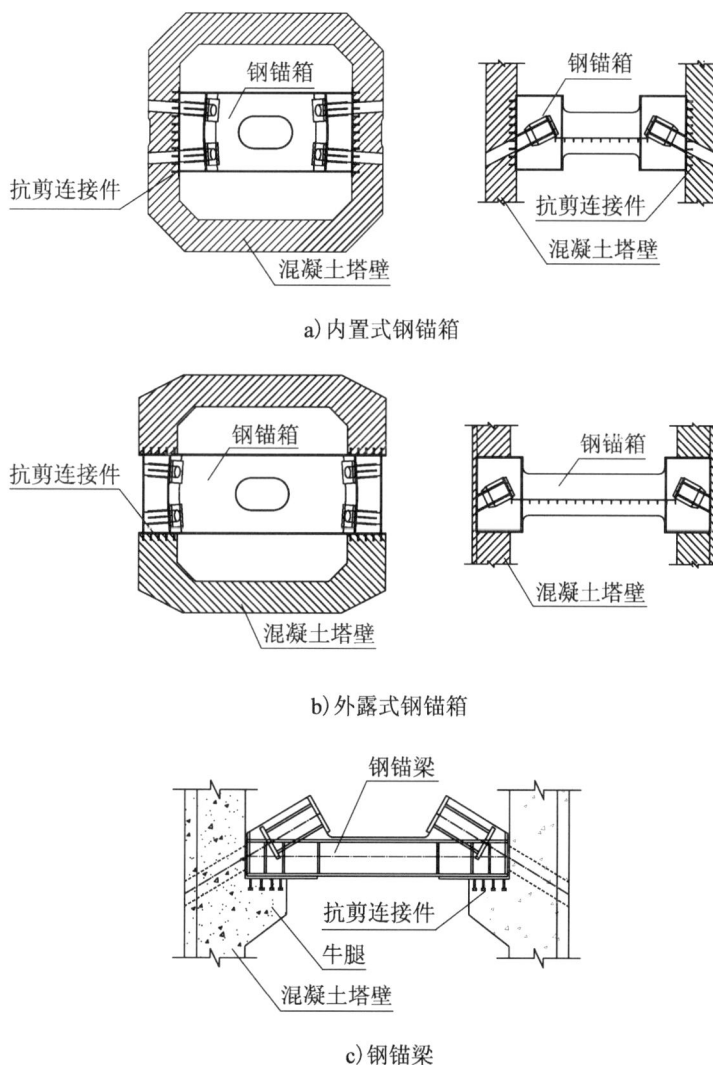

a)内置式钢锚箱

b)外露式钢锚箱

c)钢锚梁

图 8.2.2 斜拉索塔端钢混锚固结构形式

条文说明

内置式钢锚箱：钢锚箱封闭在混凝土塔壁内侧，混凝土塔柱仍是完整的箱形结构，斜拉索的竖向分力由锚箱两端竖向钢板的剪力钉承受。塔柱整体性好，抗扭刚度较大，吊装重量较小，钢结构便于养护，但张拉空间较小。日本仁川大桥，中国香港昂船洲大桥、苏通大桥、鄂东长江大桥、上海长江大桥、济南黄河大桥等采用内置式钢锚箱。

外露式钢锚箱：钢锚箱夹在混凝土塔壁之间，斜拉索的竖向分力由锚箱两侧竖向受拉钢板的剪力钉承受，可通过塔壁增设预应力增加抗剪效果及减少索塔拉应力。锚箱内张拉空间较大，上塔柱被分离，抗扭性能不如内置式钢锚箱，根据需要可设置预应力，吊装重量较大，部分钢结构在塔外侧，养护有一定难度。法国诺曼底大桥、希腊里翁—安蒂里翁大桥、中国杭州湾大桥采用外露式钢锚箱。

钢锚梁：是独立的拉索锚固构件，支撑于塔柱内侧牛腿上，由钢锚梁自身平衡两侧拉索的水平分力，拉索的竖向分力由塔柱内侧牛腿传至塔柱。钢锚梁自重较轻，起吊安装方便，便于维修养护，且可以精确确定锚垫板位置和角度，但锚区有很多牛腿结构，施工装模拆模烦琐。加拿大安娜西斯桥，中国南浦大桥、东海大桥、闵浦大桥、荆岳长江大桥等采用钢锚梁。根据钢锚梁两端与塔柱连接形式的不同可分为两端固结、两端活动和一端固结一端活动等形式，只有固结情况才存在钢混结合部。若牛腿也采用钢结构，则钢牛腿与混凝土塔壁的连接又成为一种混合结构。

8.2.3 混合塔柱（拱肋）钢混结合部连接形式可分为完全承压式［图 8.2.3a)］和承压传剪式［图 8.2.3b)］。

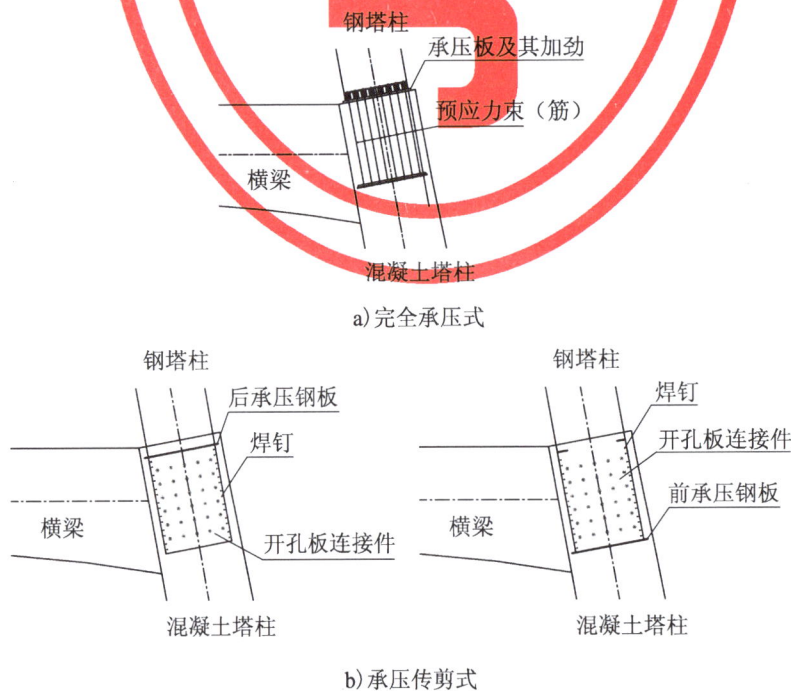

a)完全承压式

b)承压传剪式

图 8.2.3　混合塔柱钢混结合部连接构造示意图

条文说明

混合塔柱（拱肋）钢混结合部位置一般设置横梁（横撑）。结合部根据需要设置预应力束（筋）。

8.2.4 钢横梁（钢斜撑）与混凝土塔柱结合部可采用如图8.2.4所示连接形式。

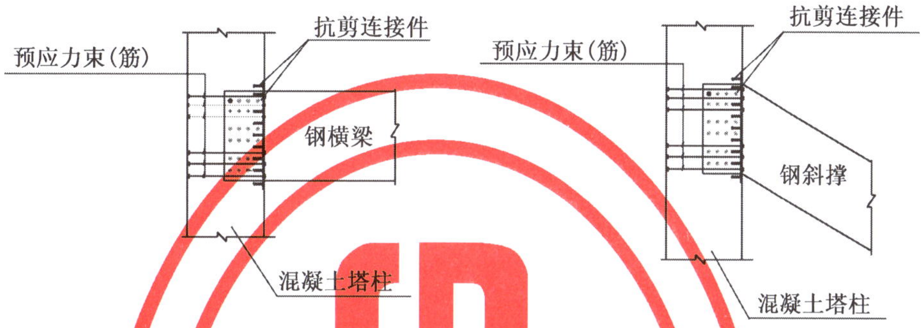

图8.2.4　钢横梁（钢斜撑）与混凝土塔柱结合部连接构造示意图

条文说明

钢横梁（钢斜撑）与混凝土塔柱结合部位置混凝土塔柱内一般设置横隔板。结合部根据需要设置预应力束（筋）。

8.2.5 钢塔柱与混凝土承台（钢拱肋与混凝土基座）结合部连接可采用全断面连接完全承压式（图8.2.5-1）或承压传剪式（图8.2.5-2）。

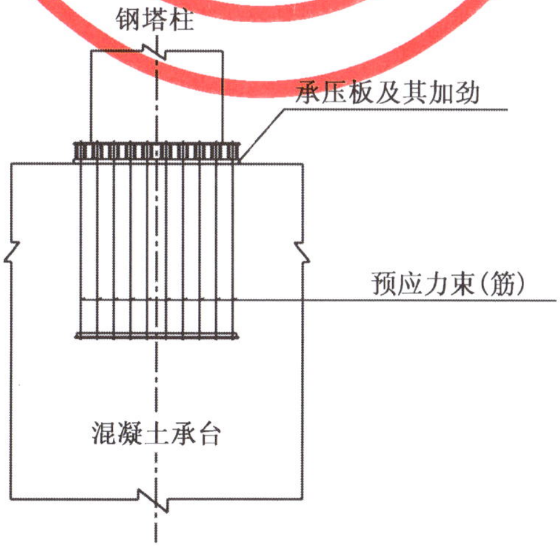

图8.2.5-1　钢塔柱与混凝土承台完全承压式连接构造示意图

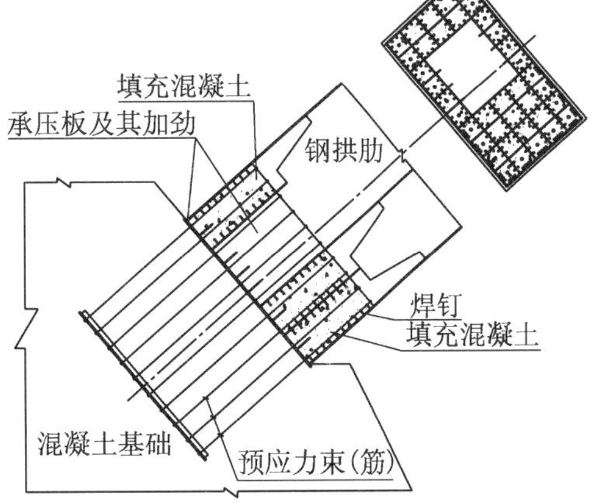

图 8.2.5-2 钢拱肋与混凝土基座承压传剪式连接构造示意图

8.2.6 桁架混合杆件结合部连接形式可分为完全承压式和承压传剪式（图 8.2.6）。

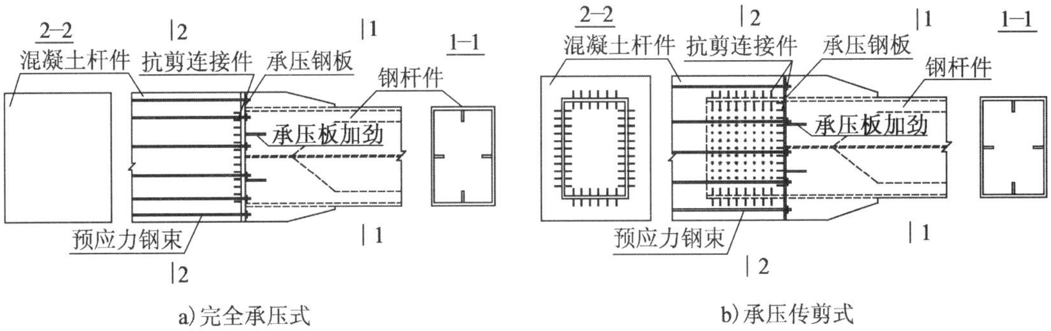

a) 完全承压式   b) 承压传剪式

图 8.2.6 桁架混合杆件连接构造形式

8.2.7 混合桥面板连接构造可采用图 8.2.7 的形式。

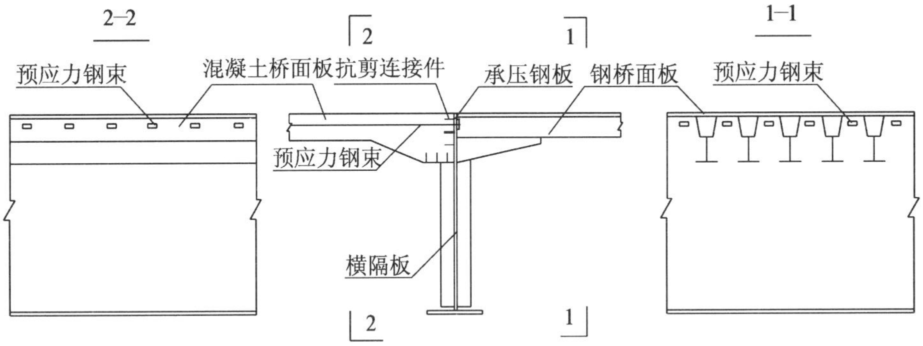

图 8.2.7 混合桥面板连接构造形式

8.2.8 钢主梁与混凝土塔柱（桥墩）结合部可在钢主梁腹板及其他各板件上焊接一定数量的抗剪连接件或设置开孔板连接件，并应根据需要设置必要的预应力束（筋）来承担并传递内力（图 8.2.8）。

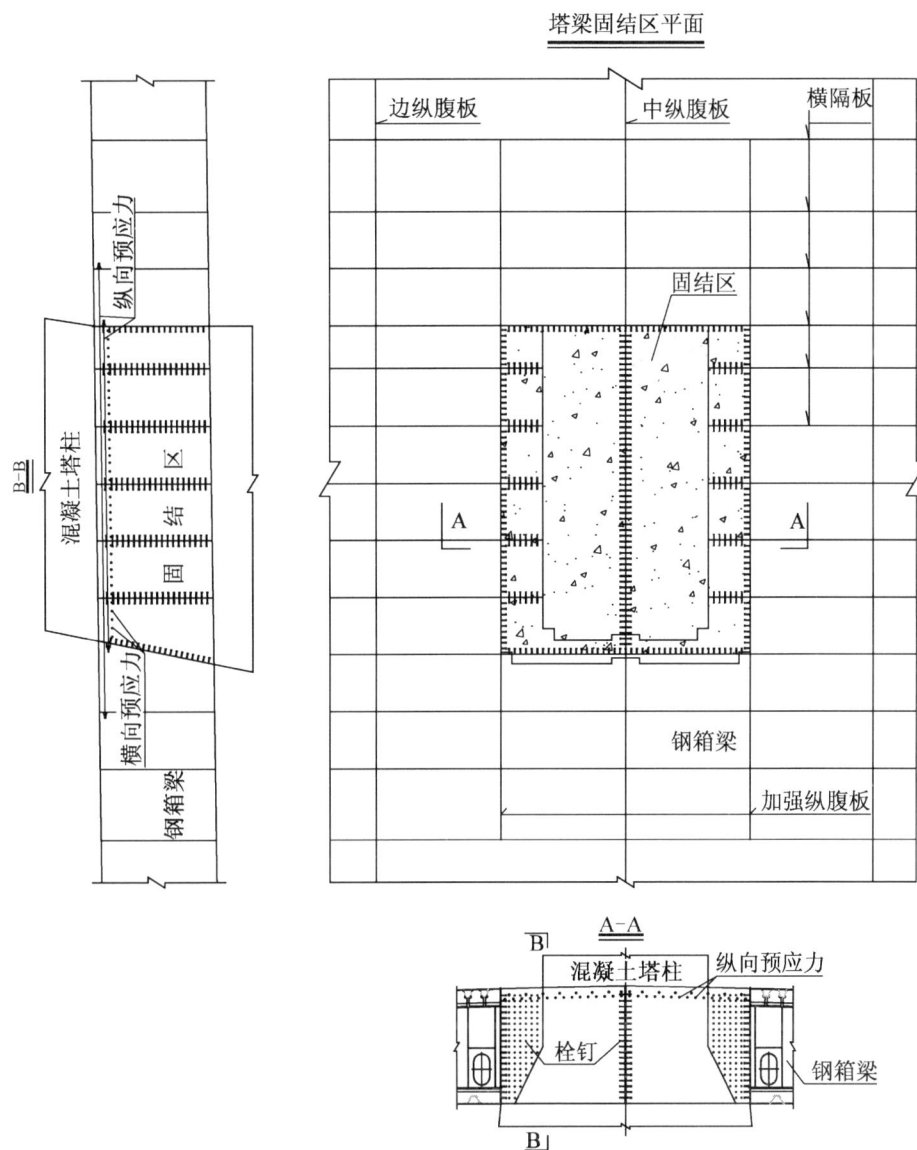

图 8.2.8　钢主梁与混凝土塔柱连接构造示意图

8.2.9　钢管桩与混凝土承台结合可在钢管壁焊接一定数量的抗剪连接件，或开设孔洞来传递钢管与承台间的剪力。

8.3　构造要求

8.3.1　钢混抗剪连接件宜采用焊钉和开孔板连接件。开孔板连接件可分为孔内不设钢筋的开孔板连接件［图8.3.1a)］和孔内设置钢筋的开孔板连接件［图8.3.1b)］两种形式。

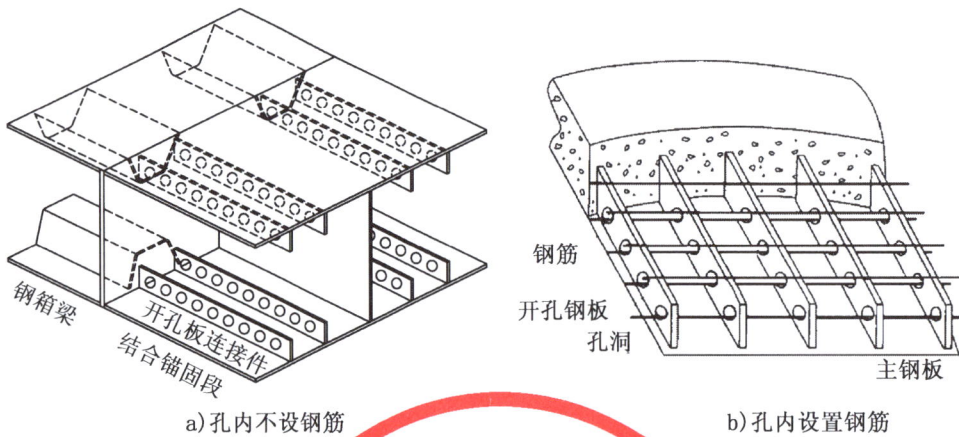

a) 孔内不设钢筋   b) 孔内设置钢筋

图 8.3.1　开孔板连接件形式

8.3.2　钢混混合梁结合部构造应符合下列规定：

1　焊钉可设置于箱梁顶板、底板，传递轴向力及拉拔力；设置于箱梁腹板，传递轴向力和竖向剪力；设置于承压板，传递竖向剪力。焊钉面内纵、横向间距宜为其直径的 10 ~ 15 倍，距侧面钢板的净距宜为其直径的 5 ~ 10 倍。焊钉高度应满足抗剪和抗拉拔的要求，宜为其直径的 5 ~ 7 倍。

2　开孔板连接件沿板件纵向承受剪力，应根据传力需要设置。斜拉桥主梁应在顶板、底板和腹板上沿纵桥向布置。梁桥主梁应在顶板、底板处沿纵桥向布置，在腹板处宜沿竖向布置。

3　开孔板厚度应以抗剪连接件破坏时，孔中混凝土不发生割裂破坏为基准，可取 16 ~ 50mm。开孔板可以是沿其高度方向连续的整块板，也可是焊于顶、底板上的板条，板条的高度应不小于开孔中心距。孔中心距以抗剪连接件破坏时，两孔之间钢板不发生破坏为基准，可取 220 ~ 250mm。孔径应保证混凝土骨料能够进入孔洞。孔距钢板边缘的净距宜不小于孔中心距的一半。开孔板中钢筋直径可采用 φ12 ~ 25mm。

4　承压钢板厚度应根据受力计算确定。完全承压式连接的承压钢板可采用 60 ~ 80mm，承压传剪式连接的承压钢板可采用 22 ~ 36mm。

5　全截面连接完全承压式承压板的加劲构造应布置成格构式，并将板的端部切削成弧形。

6　钢梁顶板、底板、腹板可采用 T 形肋（图 8.3.2-1）或 π 形肋（图 8.3.2-2）进行截面加强和刚度过渡。T 形肋宜伸入 U 肋内部。π 形肋宜焊接在 U 肋面板上。高度变化坡度角 θ 宜小于 15°。T 形或 π 形加劲肋根部截面面积与被加强范围的 U 肋及钢板面积之和的比值宜为 80%。T 形肋板厚可采用 16 ~ 25mm，π 形肋板厚可采用 8 ~ 12mm。

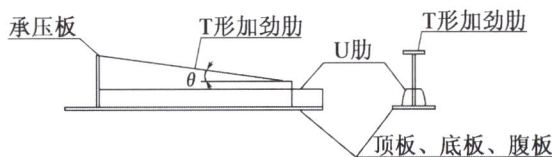

图 8.3.2-1　T 形加劲肋

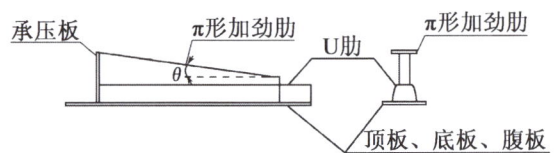

图 8.3.2-2　π 形加劲肋

7 填充混凝土式连接的钢箱梁顶板、底板、腹板可采用钢格室构造（图8.3.2-3）。钢格室高度宜为600～1 000mm，且不宜超过梁高的1/3。每个格室宽度宜为800～1 200mm。长度根据受力计算确定，可取高度的2～3倍。钢格室设计应考虑其内部混凝土浇筑要求。应结合施工工艺，在格室的顶板、腹板设置混凝土布料、振捣的连通孔，宜在封闭死角处设置一定数量的排气孔，宜预留一定数量的后期压浆孔。

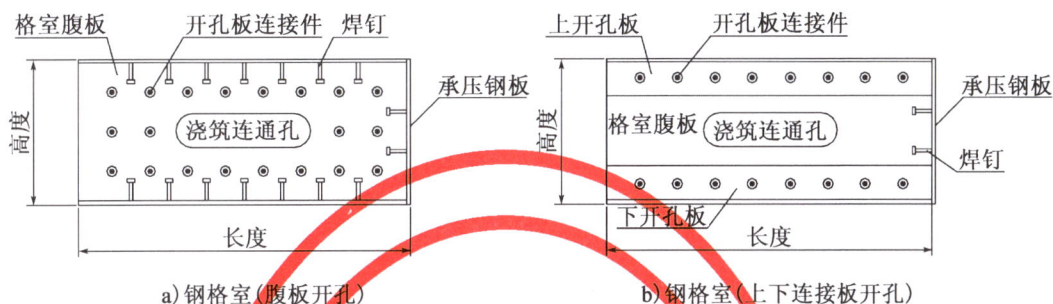

a) 钢格室(腹板开孔)　　　　b) 钢格室(上下连接板开孔)

图8.3.2-3　钢格室构造

8 结合部宜设置平衡截面外力弯矩的预应力钢束。

9 结合部应设置必要的加强钢筋。

10 结合部钢梁各板件的厚度及加厚范围应满足受力及刚度过渡需要。

11 钢梁承压板与其两侧的顶板、底板、加劲板、格室腹板应采用坡口熔透焊缝，其余各板件之间的连接可采用坡口角焊缝，并应确保焊接质量。

条文说明

1 焊钉的力学性能不具有方向性，可承受面内任意方向的剪力。焊钉高度大于4倍直径后，对其抗剪承载力不再产生明显影响。考虑到焊钉承受面内任意方向剪力，按45°传力，认为受影响混凝土范围为4d的圆环，故中心间距取4d+4d+d=9d时，相邻焊钉集中力作用混凝土区域恰好不重合，另外再考虑一定的富余量，得到相关构造数据。

2 斜拉桥主梁轴力巨大，弯矩、剪力较小，为充分发挥孔内设置钢筋的开孔板连接件的优势，应在顶板、底板和腹板处沿纵桥向布置。梁桥主梁顶板、底板承受较大的轴向力，腹板主要承受竖向剪力，所以在顶板、底板处沿纵桥向布置，在腹板处宜沿竖向布置。

4 完全承压式连接的承压钢板厚度t_{rep}可按式（8-2）计算初步拟定，并结合结合部空间应力分析最终确定。

$$t_{rep} = \left(\frac{\sigma_a}{\tau_a}\right)t \tag{8-2}$$

式中：τ_a——承压板剪切强度设计值；

σ_a、t——钢梁顶板、腹板或底板的抗拉强度设计值及板厚。

完全承压式连接构造承压钢板厚度实例：汕头礐石大桥为60mm，舟山桃夭门大桥为80mm。

承压传剪式连接构造承压板厚度实例：鄂东长江大桥为30mm，荆岳长江大桥为22mm，重庆石板坡长江大桥为25mm，日本生口桥为22mm。

8.3.3 混合塔柱（拱肋）结合部的焊钉设置于截面的顶板、底板、腹板及其加劲板上。开孔板连接件沿塔柱（拱肋）轴向承受剪力，应根据传力需要设置其位置，应在截面的顶板、底板、腹板及其加劲板上沿塔柱（拱肋）轴向布置。焊钉和开孔板构造可参考混合梁结合部构造要求。

8.3.4 钢塔柱（拱肋）与混凝土承台（基座）结合部完全承压式连接构造的承压钢板应保证不发生局部翘曲，厚度可采用35～150mm。

8.3.5 其他混合结构结合部构造可参考混合梁和混合塔（拱）构造要求，并宜通过理论分析与试验研究综合确定。

8.4 计算

8.4.1 可采用简化计算方法对部分截面连接承压传剪式混合梁结合部顶板、底板、格室腹板的抗剪连接件进行剪力估算。

条文说明

简化设计方法是对给定数量和布置的抗剪连接件剪力的初步计算。对于斜拉桥部分截面连接承压传剪式的混合梁，其结合部顶板、底板抗剪连接件剪力计算可采用下列简化方法。

（1）承压板与混凝土梁接触面位置的钢与混凝土作用力分配（图8-3）可按下式进行：

$$N_{eff} = \left(\pm \frac{My_a}{I} + \frac{N}{A_{cb}} \right) t_c \tag{8-3}$$

$$F_c = 0.68 \phi N_{eff}$$

$$F_s = N_{eff} - F_c \tag{8-4}$$

式中：M、N——钢混结合部承压板钢梁侧截面承担的弯矩及轴力，M以上缘受压为正，N以受压为正；

$\quad\quad y_a$——所取单位宽度计算区域形心距截面形心间距；

$\quad I$、A_{cb}——混凝土梁截面抗弯惯性矩及截面积；

$\quad\quad t_c$——混凝土梁顶（底）板厚度；

$\quad\quad N_{eff}$——结合部截面钢梁顶、底板区域的单位宽度等效轴力；对顶板区域，式

（8-3）取正号；对底板区域，式（8-3）取负号；

F_c——承压板与混凝土接触面位置混凝土结构所承担作用效应；

F_s——承压板与混凝土接触面位置钢结构所承担作用效应，对有钢格室的构造，$F_s = F_{s0} + F_{s1}$；

ϕ——作用力分配系数，开孔板连接件 $\phi = 1.0$，焊钉连接件 $\phi = 1.05$，焊钉与开孔板混合连接件 $\phi = 0.95$；

F_{s0}、F_{s1}——承压板与混凝土接触面位置钢格室顶、底板所承担作用效应。

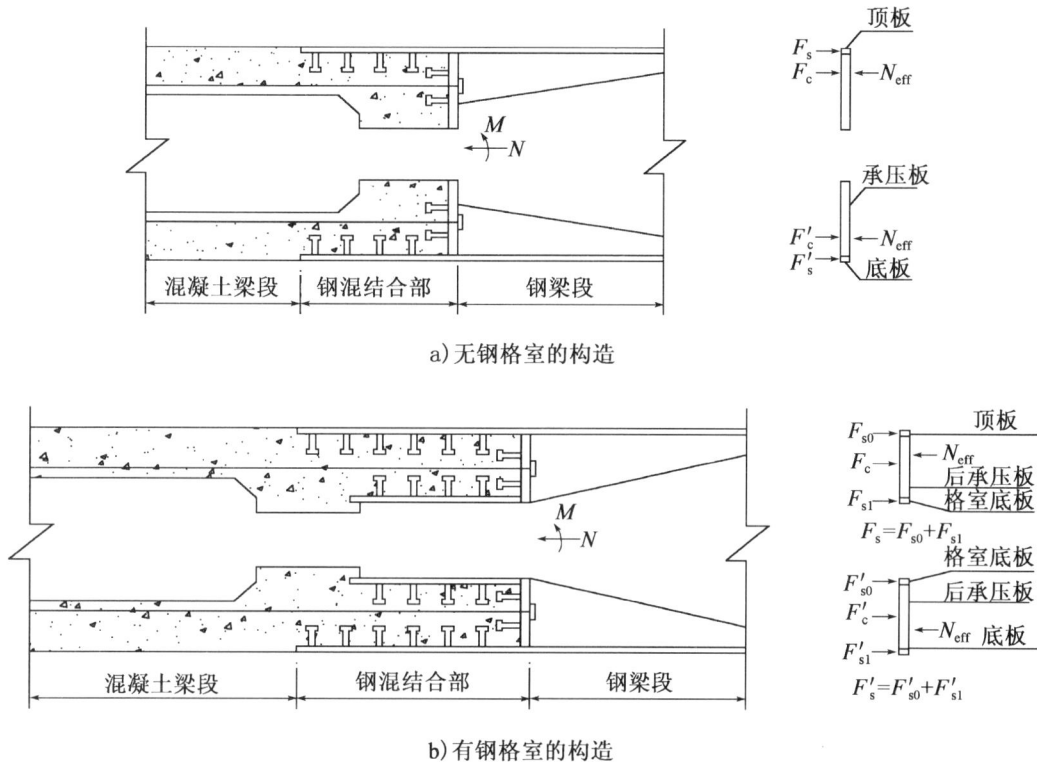

a) 无钢格室的构造

b) 有钢格室的构造

图 8-3 结合部作用力分配计算图示

（2）抗剪连接件最大剪力按下式计算：

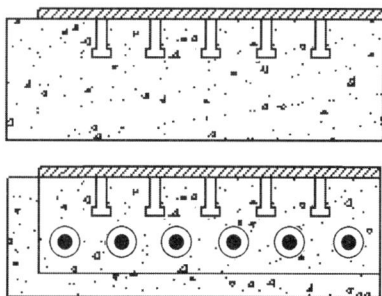

$$V_{max} = \max\{V_{max1}, V_{max2}\}$$
$$V_{max1} = C_1 V_{eq} + C_2 F_s \qquad (8\text{-}5)$$
$$V_{max2} = C_3 V_{eq} + C_4 F_s$$

$$V_{max} = C_5 V_{eq} \qquad (8\text{-}6)$$

（焊钉与开孔板连接件剪力按刚度分配）

式中：V_{eq}——抗剪连接件等效剪力，$V_{eq} = \dfrac{EA_{se}F_c - E_c A_{ce}F_s}{E_c A_{ce} + EA_{se}}$；

C_1——系数，$C_1 = \dfrac{1 - e^{-ml_s}}{1 + e^{-mL}} - \dfrac{e^{ml_s} - 1}{e^{mL} - 1}$；

C_2——系数，$C_2 = \dfrac{e^{ml_s}-1}{e^{2mL}-1} + \dfrac{1-e^{-ml_s}}{1-e^{-2mL}}$；

C_3——系数，$C_3 = \dfrac{(1-e^{-mL})(e^{ml_s}-1)+(1-e^{mL})(1-e^{-ml_s})}{e^{mL}-e^{-mL}}$；

C_4——系数，$C_4 = \dfrac{e^{ml_s}-e^{-ml_s}}{e^{mL}-e^{-mL}}$；

C_5——系数，$C_5 = \dfrac{e^{-mL}(e^{ml_s}-1)+e^{mL}(e^{-ml_s}-1)}{e^{mL}+e^{-mL}}$；

m——系数，$m = \sqrt{\dfrac{k_s}{d_s}\left(\dfrac{1}{E_c A_{ce}}+\dfrac{1}{EA_{se}}\right)}$；

k_s——抗剪连接件抗剪刚度，当采用式（8-6）所述混合连接件布置时，可换算为焊钉连接件计算，此时 $k_s = k_{ss}+\dfrac{k_{ps}\times n_{ps}}{n_{ss}}$；

k_{ss}——焊钉连接件抗剪刚度；

k_{ps}——开孔板连接件抗剪刚度；

n_{ss}——焊钉连接件总数量；

n_{ps}——开孔板连接件总数量；

l_s——抗剪连接件纵向间距；

L——剪力传递长度，$L = l_s \times n$；

n——钢梁顶（底）板抗剪连接件纵向数量；

E_c——混凝土弹性模量；

E——钢材弹性模量；

A_{se}——单位宽度钢梁顶（底）板截面面积，取为顶（底）板厚度；

A_{ce}——单位宽度混凝土梁截面面积，取为钢补强加劲肋根部或钢格室高度。

8.4.2 在进行简化计算的基础上，应建立空间模型，进行结合部节段和局部受力计算分析，各项计算应力值应按下式验算：

$$\gamma_0 \sigma \leq f_d \qquad (8.4.2)$$

式中：γ_0——结构重要性系数；

σ——计算应力；

f_d——钢材的抗拉、抗压和抗弯强度设计值。

条文说明

由于结合部构造和受力的复杂性，应建立空间模型，进行结合部节段和局部受力计算分析。空间模型节段计算用以分析结合部总体在各种荷载组合作用下的传力机理、应力分布及大小，为局部计算提取荷载及边界条件。空间模型局部计算用以分析结合部各部构件的承载分担比例、应力分布及大小，以合理设计承压板和连接件。

8.4.3 应通过全桥总体计算得出最不利作用组合下轴力最大、弯矩最大、剪力最大对应的作用组合效应，分别进行结合部的节段模型和局部模型的受力计算分析。

8.4.4 进行钢混结合部节段模型的应力及变形计算时，节段模型在构件长度方向的范围应合理取值。

条文说明

本条规定的目的是消除模拟节段边界条件对计算结果的影响。一般情况下，混合梁、混合塔柱、混合拱肋的计算节段模型在钢构件侧和混凝土构件侧的长度范围分别不小于截面高度的 4 倍或结合部长度的 8 倍，斜拉索塔端锚固区节段模型的竖向高度范围不小于本计算节段上下共 5 个斜拉索锚固范围。

8.4.5 应选择代表部位的钢格室或抗剪单元进行局部模型的应力及变形计算，局部模型应包括钢格室、承压板、抗剪连接件等所有构造。可采用接触单元模拟钢与混凝土间的连接。采用弹簧支承模拟连接件时，宜通过连接件抗剪试验或其他可靠方法取用连接件的刚度值。

8.4.6 应在局部模型计算的基础上，进行抗剪连接件的承载力验算。应保证连接件在使用状态下钢与混凝土间不发生过大的相对滑移。

8.4.7 结合部钢构件的疲劳验算应根据需要按现行《公路钢结构桥梁设计规范》（JTG D64）的方法进行。

9 连接件

9.1 一般规定

9.1.1 钢与混凝土的结合应采用连接件。

条文说明

钢与混凝土组合结构的力学性能不仅受到两种材料各自材质的影响，而且与结合面的连接形式有较大关系。选择连接形式时，要考虑结构性能、施工条件以及结合面的受力特点。

9.1.2 常用连接件形式可分为焊钉连接件、开孔板连接件及型钢连接件。

条文说明

连接件最初主要用于承担钢梁与混凝土桥面板结合面的剪力作用，故通常称为剪力钉、剪力键、剪力器等。随着组合结构桥梁的发展，连接件不仅承受钢与混凝土结合面的剪力作用，在一定情况下还承受拉拔力作用。为此，本规范把用于异种材料间结合的部件通称为连接件。

如图9-1所示，常用连接件形式可分为焊钉连接件、开孔板连接件和型钢连接件。设计时需根据组合结构桥梁的受力特点，在保证其安全性和可靠性的前提下，选用适当的连接件形式。

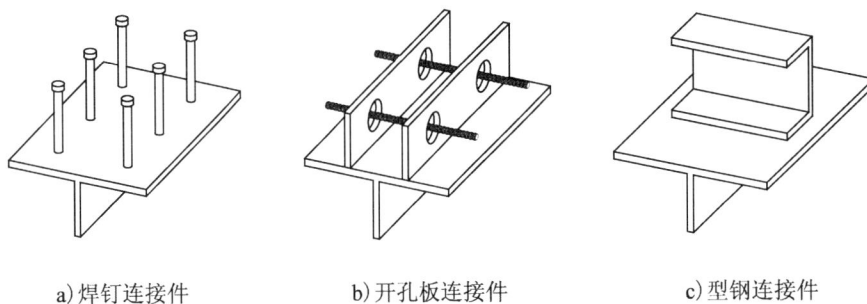

| a)焊钉连接件 | b)开孔板连接件 | c)型钢连接件 |

图9-1 常用连接件形式

焊钉连接件通过杆身根部受压承担结合面的剪力作用，并依靠圆柱头的锚固作用承担结合面的拉拔力。

开孔板连接件是指沿着受力方向布置，并在侧面设有开孔的钢板，利用钢板孔中混凝土及孔中贯通钢筋的销栓作用，承担结合面的剪力及拉拔力。

型钢连接件是指焊接到受力钢构件上的槽钢、角钢等短小节段的型钢块体，依据型钢板面受压承担结合面的剪力作用。型钢块体上可焊接钢筋，以承担拉拔力并提高变形能力。但是，型钢连接件抗拉拔性能较弱，容易发生钢与混凝土的分离，一般不用于组合梁。

9.1.3 连接件应保证钢与混凝土有效结合，共同承担作用力，并应具有一定的变形能力。

条文说明

钢与混凝土同一个结合面上的连接件所受剪力并不均匀，当连接件具有一定的变形能力时，作用剪力就会随着连接件刚度的变化而重新分配，可避免个别连接件受力过大，同时防止钢板与混凝土发生局部应力集中现象。

9.1.4 钢与混凝土结合面剪力作用方向不明确时，应选用焊钉连接件。

条文说明

焊钉连接件抗剪性能不具有方向性，且抗拉拔性能良好。

9.1.5 钢与混凝土结合面对抗剪刚度、抗疲劳性能要求较高时，宜选用开孔板连接件。

条文说明

开孔板连接件的破坏模式是孔中混凝土的破坏，疲劳问题并不突出，适用于对抗疲劳性能要求较高的组合结构桥梁中。

9.1.6 钢与混凝土结合面对抗剪刚度要求很高，且无拉拔力作用时，可选用型钢连接件。

条文说明

型钢连接件的抗剪刚度较大，但容易发生钢与混凝土的分离。一般将弯折成 U 形的钢筋焊接在型钢块体上，以提高其变形能力。

9.1.7 钢与混凝土结合面宜设在垂直方向受压的位置。当结合面较大范围的连接件处于拉拔状态时，应施加预压力使结合面处于受压状态。

条文说明

随着钢与混凝土结合面的约束增大，连接件的抗剪性能也有所提高。为此，结合面宜选在垂直方向处于受压状态的位置。当结合面上较多连接件处于拉拔状态时，应施加预压力避免钢板与混凝土发生分离。例如，在外露式钢锚箱组合索塔锚固区，钢锚箱与混凝土塔壁结合面上的连接件易受到拉拔力作用，应布置预应力筋施加预压力，以保证钢锚箱与混凝土塔壁处于紧密贴合状态。

9.1.8 连接件布置成倒立状态时，应在钢板上设置出气孔保证混凝土浇筑密实；连接件布置成侧立状态时，宜避免混凝土离析。

条文说明

如图9-2所示，连接件可能处于正立、倒立和侧立等不同的使用状态。当处于倒立和侧立状态时，宜采取措施保证混凝土的浇筑质量。

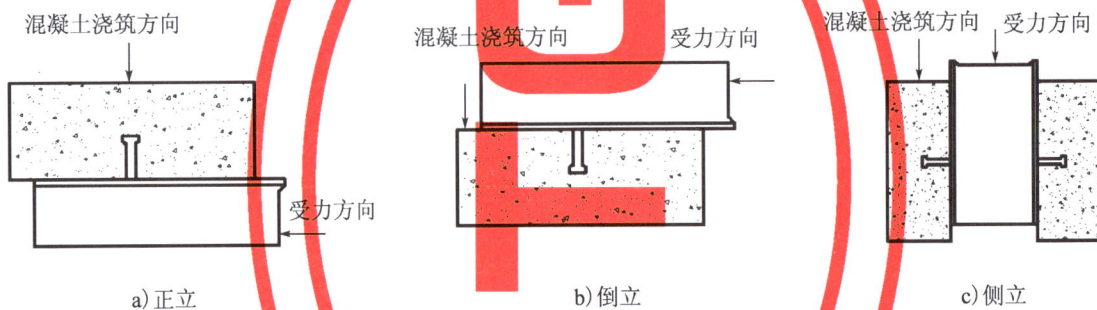

图9-2　焊钉连接件使用状态示意图

9.1.9 采用预制混凝土构件与钢构件结合时，可将焊钉连接件集中配置在混凝土构件预留孔中，并应考虑群钉效应所造成的连接件承载性能的降低。

条文说明

连接件的群钉效应主要是指在承受剪力的方向上，连接件间距小于最小布置间距的要求，各连接件之间相互影响，从而造成单个连接件的承载能力有所下降。这种群钉效应与连接件的间距、预留孔填充混凝土性能等因素有关，需要合理加以确定。

9.2 构造要求

9.2.1 焊有连接件的钢板厚度不应小于焊钉直径的0.5倍，也不应小于开孔板连接件或型钢连接件的板厚。

条文说明

在厚度较小的钢板上焊接连接件，容易引起钢板变形。在具有足够的措施能够矫正钢板变形的情况下，可不受该条文限制。

9.2.2 焊钉连接件的构造应符合下列要求：

1 焊钉连接件的材料、机械性能以及焊接要求应满足现行《电弧螺柱焊用圆柱头焊钉》（GB/T 10433）的规定。

2 焊钉连接件的间距不宜超过300mm。

3 焊钉连接件剪力作用方向上的间距不宜小于焊钉直径的5倍，且不得小于100mm；剪力作用垂直方向的间距不宜小于焊钉直径的2.5倍，且不得小于50mm。

4 焊钉连接件的外侧边缘与钢板边缘的距离不应小于25mm。

9.2.3 开孔板连接件的构造应符合下列要求：

1 当开孔板连接件多列布置时，相邻开孔板的间距不宜小于板高的3倍。

2 开孔板连接件的钢板厚度不宜小于12mm。

3 开孔板连接件孔径不宜小于贯通钢筋直径与骨料最大粒径之和。

4 开孔板连接件贯通钢筋应采用螺纹钢筋，直径不宜小于12mm，并宜居中设置。

5 开孔板连接件的相邻两孔最小边缘间距应满足下式要求：

$$e > \frac{V_{pu}}{tf_{vd}}$$ (9.2.3)

式中：e——开孔板连接件相邻两孔最小边缘间距（mm）；

V_{pu}——承载能力极限状态下开孔板连接件抗剪承载力设计值（N）；

t——开孔板连接件的板厚（mm）；

f_{vd}——钢板抗剪强度设计值（MPa）。

9.2.4 型钢连接件的最大间距不宜超过500mm，焊接的U形筋直径不宜小于16mm。

9.3 计算

9.3.1 计算连接件剪力设计值时，应考虑钢与混凝土组合后的结构重力、汽车荷载、预应力、收缩、徐变以及钢与混凝土的升、降温差等作用，尚应按照不同的剪力方向分别进行作用组合。

条文说明

钢与混凝土组合后，连接件主要通过剪力传递结构重力、汽车荷载、预应力、收缩、徐变以及钢与混凝土的升、降温差等作用。但是，各种作用在连接件上产生的剪力方向并不一致，按照不同的剪力方向分别进行作用组合。譬如，组合梁连接件作用组合可考虑以下两种情况：

（1）组合后结构重力＋汽车荷载＋混凝土桥面板升温；

（2）收缩变形＋混凝土桥面板降温。

9.3.2 连接件的抗剪刚度可按下列规定进行计算：

1 焊钉连接件可按下式计算：

$$k_{ss} = 13.0 d_{ss} \sqrt{E_c f_{ck}} \qquad (9.3.2\text{-}1)$$

式中：k_{ss}——焊钉连接件的抗剪刚度（N/mm）；

d_{ss}——焊钉连接件杆部的直径（mm）；

E_c——混凝土弹性模量（MPa）；

f_{ck}——混凝土抗压强度标准值（MPa）。

2 设置孔中贯通钢筋的开孔板连接件可按下式计算：

$$k_{ps} = 23.4 \sqrt{(d - d_s) \, d_s E_c f_{ck}} \qquad (9.3.2\text{-}2)$$

式中：k_{ps}——开孔板连接件的抗剪刚度（N/mm）；

d——开孔板连接件的圆孔直径（mm）；

d_s——孔中贯通钢筋直径（mm）；

E_c——混凝土弹性模量（MPa）；

f_{ck}——混凝土抗压强度标准值（MPa）。

条文说明

连接件抗剪刚度的研究成果较少，且试验数据比较离散。本条文基于试验结果进行抗剪刚度计算公式的拟合，在无具体试验结果的情况下可采用该计算式估算。

9.3.3 依据连接件的使用情况，应对连接件的承载能力极限状态和正常使用极限状态进行验算。

1 承载能力极限状态应按下式验算：

$$\gamma_0 V_d \leqslant V_u \qquad (9.3.3\text{-}1)$$

式中：V_d——承载能力极限状态下连接件剪力设计值（N）；

V_u——承载能力极限状态下连接件抗剪承载力设计值（N）。

2 正常使用极限状态应按下式验算：

$$s_{max} \leqslant s_{lim} \qquad (9.3.3\text{-}2)$$

式中：s_{max}——正常使用极限状态下结合面的最大滑移值（mm）；

s_{lim}——正常使用极限状态下结合面的滑移限值（mm）。

条文说明

　　本条文的结合面滑移验算仅限用于正常使用极限状态。滑移限值一般可考虑环境类别给出，在没有相关规定的情况下可取0.2mm。

9.3.4　承载能力极限状态下，连接件抗剪承载力设计值可按下列要求计算：

　　1　焊钉连接件可按下式计算：

$$V_{sud} = \min \{0.43A_s \sqrt{E_c f_{cd}}, \ 0.7A_s f_{su}\} \qquad (9.3.4-1)$$

式中：V_{sud}——承载能力极限状态下焊钉连接件抗剪承载力设计值（N）；

　　　　A_s——焊钉连接件杆部截面面积（mm²）；

　　　　E_c——混凝土弹性模量（MPa）；

　　　　f_{cd}——混凝土轴心抗压强度设计值（MPa）；

　　　　f_{su}——焊钉材料的抗拉强度最小值（MPa）。

　　2　开孔板连接件可按下式计算：

$$V_{pud} = 1.4 \ (d^2 - d_s^2) \ f_{cd} + 1.2d_s^2 f_{sd} \qquad (9.3.4-2)$$

式中：V_{pud}——承载能力极限状态下开孔板连接件抗剪承载力设计值（N）；

　　　　d——开孔板连接件圆孔直径（mm）；

　　　　d_s——孔中贯通钢筋直径（mm）；

　　　　f_{cd}——混凝土轴心抗压强度设计值（MPa）；

　　　　f_{sd}——孔中贯通钢筋抗拉强度设计值（MPa）。

　　3　采用型钢连接件时应通过充分研究且验证具有足够的结合性能，并进行计算。

条文说明

　　1　现行美国 AASHTO 规范、欧洲规范 4 等设计标准均采用与焊钉连接件的截面积、混凝土弹性模量和混凝土抗压强度相关的计算公式，并认为焊钉连接件的抗剪承载力并不是随着混凝土强度的增加而无限提高，存在一个与焊钉连接件材料抗拉强度有关的上限值。

　　2　开孔板连接件抗剪承载力的计算式是基于国内外 168 个模型试验结果给出的。该式包含孔中混凝土作用和孔中贯通钢筋及其对混凝土的约束作用两部分，可适用于有、无孔中贯通钢筋的开孔板连接件。

　　3　型钢连接件依据焊接的型钢块体不同，抗剪性能也相差很大，需要对不同形式的型钢连接件进行计算。

9.3.5　正常使用极限状态下，结合面最大滑移值可按下列要求计算：

　　1　焊钉连接件：

$$s_{max} = \frac{V_{sd}}{k_{ss}} \qquad (9.3.5-1)$$

2　开孔板连接件：

$$s_{max} = \frac{V_{sd}}{k_{ps}}$$

（9.3.5-2）

式中：s_{max}——正常使用极限状态下的结合面最大滑移值（mm）；

V_{sd}——正常使用极限状态下的连接件剪力设计值（N）；

k_{ss}、k_{ps}——焊钉及开孔板连接件的抗剪刚度（N/mm）。

10 耐久性设计

10.1 一般规定

10.1.1 组合桥梁耐久性应根据结构的设计使用年限及其对应的极限状态、环境类别及其作用等级进行设计。

10.1.2 除应进行混凝土和钢结构的耐久性设计外，尚应进行钢混结合部的耐久性设计。

10.1.3 混凝土结构应选用质量稳定并有利于改善混凝土密实性和抗裂性的水泥和集料等原材料以及混凝土配合比。混凝土结构可参照行业相关标准规范进行耐久性设计。

10.1.4 当同一组合桥梁的不同构件或同一构件的不同部位所处的环境类别及其作用等级不同时，应根据实际情况分别进行耐久性设计。

条文说明

同一结构物的不同结构部位（如桥梁结构的基础、桥墩、主梁等构件）所处的环境类别和作用等级不同时，其耐久性要求也有所不同，采取的技术措施也是不同的。

10.1.5 应采用合理的构造措施使雨水在施工和运营期，尽快排出桥外。

10.1.6 有条件时，钢结构内部应设置除湿系统。

10.1.7 组合桥梁耐久性设计应包括下列内容：
1 明确结构与构件的设计使用年限。
2 明确结构所处的环境类别及其作用等级。
3 提出结构耐久性要求的原材料品质、耐久性指标及相关的重要参数和要求。
4 明确结构耐久性要求的构造措施。
5 提出结构耐久性要求的主要施工工序、工艺、控制措施。
6 明确与结构耐久性有关的跟踪检测、养护要求。

10.2　钢结构耐久性设计

10.2.1　应基于全寿命周期综合确定钢结构耐久性措施。

10.2.2　钢结构耐久性保障措施可采用耐候钢、热浸（镀）锌、热喷涂金属复合涂层、油漆涂层、牺牲阳极阴极保护法、外加电流阴极保护法、封闭环境设置除湿系统等。

10.2.3　严重及以上环境等级条件，宜减少钢结构在大气区、浪溅区的表面积，并易于进行防腐蚀施工。

10.2.4　浪溅区、水位变动区部位宜采用重防腐涂层、金属热喷涂层加封闭涂层保护等措施，也可采用包覆有机复合层、树脂砂浆、复合耐蚀金属层等。

10.3　钢混接触面耐久性设计

10.3.1　应从混凝土配制、构造要求及施工工艺等方面防止接触面脱空。

10.3.2　应除去接触面钢板的氧化皮。

10.3.3　组合梁钢梁的防腐范围伸入钢混结合面不宜小于20mm（图10.3.3）。

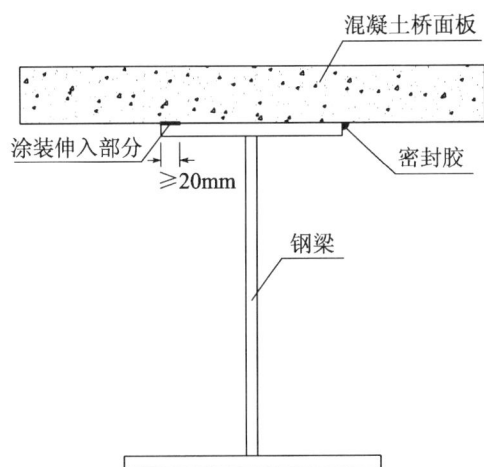

图 10.3.3　钢梁防腐涂装及密封示意图

10.3.4　钢混接触面应做好防、排水，必要时可设置密封胶等防水填塞料(图10.3.3)。

10.4　连接件耐久性设计

10.4.1　应防止连接件在施工过程中出现严重锈蚀。

10.4.2　混凝土浇筑前，连接件（焊钉、开孔板）表面应无锈蚀、氧化皮、油脂和毛刺等缺陷。

11 连接件施工

11.1 一般规定

11.1.1 本章适用于焊钉、开孔板以及型钢连接件的加工、焊接、安装。其材料和工艺除应满足设计和本章相关要求外，尚应满足现行《电弧螺柱焊用圆柱头焊钉》（GB/T 10433）、《建筑钢结构焊接技术规程》（JGJ 81）的相关要求。

11.1.2 连接件宜在工厂成型和焊接，宜采用CO_2气体保护焊。型钢和焊钉安装前应对其平面位置进行准确的测量放样；连接件安装前应进行外观检查，外观应平整，无裂缝、毛刺、凹坑、变形等缺陷。

11.1.3 连接件与钢结构焊接前，应进行焊接工艺评定试验，合格后方可正式实施。

11.1.4 混凝土浇筑前，应检查连接型钢和焊钉安装质量。连接件周边的普通钢筋安装过程中，严禁损伤型钢和焊钉。

11.1.5 宜通过工艺试验确定施工参数，验证混凝土性能及浇筑振捣工艺，连接件与混凝土的结合质量应满足设计要求。

11.2 焊钉连接件施工

11.2.1 焊钉焊接过程中，翼缘板横向最大焊接变形不得超过1mm，翼缘板纵向最大焊接变形1m范围内不得超过1mm，并应采取下列措施：
1 采取合理的焊接次序，宜先内排后外排逐排焊接。
2 同一排焊钉焊接时，应间隔进行，300mm范围内的焊钉不应同时焊接。

11.2.2 应严格控制焊钉平面位置、间距及焊钉连接件的外侧边缘与钢梁翼缘边缘的距离。

11.2.3 钢构件运输、安装过程中不得触碰和损伤焊钉连接件。

11.2.4 连接部位普通钢筋安装时，禁止弯折和割除焊钉；必要时可调整普通钢筋位置。

11.2.5 焊钉连接件安装到位后宜尽快浇筑混凝土，浇筑前应再次除锈。

11.3 开孔板连接件施工

11.3.1 开孔板连接件孔径允许偏差应为 ±0.7mm，孔位允许偏差应为 ±0.5mm。

11.3.2 贯通钢筋加工尺寸应严格控制，其允许偏差应为 ±5mm，并应顺直。

11.3.3 贯通钢筋安装及定位宜居中布置，并严禁与开孔板焊接。

11.4 型钢连接件施工

11.4.1 型钢连接件安装前应根据设计构造特点确定合理的安装顺序和工艺，安装过程中应避免型钢与普通钢筋位置发生冲突。

11.4.2 连接型钢安装应严格控制钢梁顶面高程，不得采用填塞焊形式调整连接件高程。

条文说明

严格控制钢梁顶面高程是为了保证型钢及连接钢筋进入受压区混凝土的高度满足要求。

11.5 连接件处混凝土施工

11.5.1 应保证混凝土填充密实并与连接件良好接触。对受混凝土收缩影响的部位宜采用微膨胀混凝土，必要时可掺入纤维提高其抗裂性能。

11.5.2 配置混凝土用的粗集料宜采用 5~20mm 连续级配碎石，集料最大粒径不应超过 25mm；混凝土应有良好的工作性、和易性和流动性。

11.5.3 当连接件布置成倒立状态时，应在钢板上设孔用于混凝土振捣和排气，保证钢板下的混凝土浇筑密实；当连接件布置成倒、侧立状态时，应优化混凝土配合比，避免混凝土离析。

11.5.4 混凝土浇筑过程中应保证连接件周围的混凝土密实性。对直立焊钉，宜采用平板式振捣器；对侧立焊钉，宜选用较小直径的插入式振捣棒，棒体距离焊钉端部30～50mm，在保证振捣效果的前提下，避免触碰焊钉造成损坏。

11.5.5 混凝土原材料除应满足现行《公路桥涵施工技术规范》（JTG/T F50）对水泥、集料、水、外加剂、混合材料的具体要求外，尚应针对连接件构件对混凝土浇筑带来的影响，采取相应措施保证混凝土密实度、强度和耐久性。

条文说明

连接部混凝土尺寸小，构造复杂，加之连接钢板、贯通钢筋、焊钉、连接型钢等构件的设置，严重影响了混凝土浇筑振捣和流动性，易产生早期开裂、混凝土浇筑不密实、漏浆离析及质量不均匀等病害。

区别于常规混凝土浇筑，需采取针对性措施以保证混凝土密实度、强度和耐久性，主要包括：

（1）水泥：避免使用磨细高早强水泥，比表面积一般不大于 $400m^2/kg$，C_3A 含量一般不大于10%，水泥的含碱量（Na_2O 当量计）一般不超过0.6%，使用时水泥的温度一般不超过60℃。

（2）矿物掺合料：混凝土的矿物掺合料通常选用粉煤灰和磨细矿粉，特殊环境下经试验论证可采用硅灰。

（3）粗、细集料：采用非活性的集料，并严格控制含泥量。

（4）外加剂选用：通常选用聚羧酸减水剂，并通过试验确定掺量。

（5）为避免混凝土出现早期裂缝，可掺加纤维材料。聚丙烯纤维的掺量一般为 $0.8～1.2kg/m^3$，钢纤维的掺量一般为 $40～70kg/m^3$。

11.5.6 连接件处混凝土宜保温保湿养护7d以上。

12 组合梁施工

12.1 一般规定

12.1.1 组合梁施工以及使用的材料应满足现行《公路桥涵施工技术规范》（JTG/T F50）的相关规定。

12.1.2 钢梁涂装材料应具有良好的附着性、耐蚀性，具有出厂合格证和检验资料，并符合耐久性要求。

12.1.3 现浇桥面板应采用无收缩混凝土，膨胀剂的掺量应以混凝土28d体积保持不变为原则，并根据试验确定。

12.1.4 施工前应根据组合梁结构特点和受力特性确定施工程序和工艺，防止桥面板开裂。

12.1.5 钢梁和混凝土连接处应做好防、排水。

12.2 钢梁加工与运输

12.2.1 钢梁加工应满足下列要求：
1 钢梁加工前应制订详细的工艺。
2 湿接缝连接钢筋的安装应避免与焊钉冲突。
3 对开口槽形梁，应预留腹板之间的临时剪刀撑连接板件、临时吊点设施等。

12.2.2 钢梁运输应满足下列要求：
1 运输过程中，应做好钢梁防护，保护焊钉，避免焊钉受到触碰导致脱落。
2 钢梁运输过程中，应加强支撑、固定牢固，防止变形或倾覆。
3 槽形钢箱构件运输过程中，应在箱内设置剪刀撑，防止腹板变形；工字梁运输应采用辅助撑架，防止变形或倾倒。

12.3 钢梁安装

12.3.1 钢梁安装可采用支架上分段安装、整孔安装、分段顶推及杆件悬臂拼装等。

12.3.2 钢梁在吊装、对位、拼接各环节应采取下列措施：

1 吊具的刚度应满足吊装需要，吊点应均匀布置，避免钢梁发生扭转、翘曲和侧倾。

2 应轻吊轻放，支垫平稳，安装前应对临时支架、吊机起吊能力和钢梁结构在不同受力状态下的强度、刚度及稳定性进行验算。

3 焊钉、连接板等连接件应进行防护。

12.3.3 支架上分段安装钢梁应满足下列要求：

1 支架应具备钢梁就位后平面纠偏、高程及倾斜度调整等功能。

2 支架纵横向线形应与设计要求的梁底线形相吻合，同时兼顾支架变形产生的影响。

3 钢梁安装宜减少分段，从简支梁的一端向另一端顺序安装，并应及时纠偏调整，避免误差累积；应严格控制其平面精度和高程，钢梁与设计位置的偏差不得超过 5mm。

4 拼装过程中应减少相邻梁段接缝偏差，在纵、横向及高度方向的拼接错口宜不大于 2mm。

12.3.4 整孔安装钢梁应满足下列要求：

1 梁体吊装前应做好专项方案，并进行吊装工况下结构应力验算。

2 吊点应设置在支承线或横隔板的位置，梁上吊点以 4 个为宜。

3 钢梁预制前应在梁体内设置吊点连接设施，并能保证较大集中荷载的传递。

4 可设置吊具减小吊装荷载产生的水平力。

5 应严格控制其平面精度和高程，钢梁与理论位置的允许偏差应为 ±5mm。

条文说明

4 若吊装过程中吊装荷载产生的水平力较大，一般采用扁担梁作为吊具进行吊装。

5 考虑到安装条件及环境，对于接近斜拉桥 0 号钢箱梁的梁段，设置精确调整装置，如三向千斤顶等，将允许偏差控制在 ±5mm 以内是可行的。

12.3.5 钢梁悬臂安装应满足下列要求：

1 钢梁悬拼过程中，应严格控制预拱度及轴线偏差，轴线允许偏差应为 ±10mm。

2 钢梁拼装过程中，应减少相邻梁段接缝偏差，在纵、横向及高度方向的拼接错口宜不大于 2mm。

3 钢梁悬臂拼装过程中，应及时施工混凝土桥面板，浇筑湿接缝形成整体。

12.3.6 钢梁顶推安装应满足下列要求：

1 顶推的方式应根据钢梁的结构特点确定，并制订专项方案，进行顶推期结构验算，包括强度、整体稳定性、局部应力、局部稳定性等。

2 应设置导梁，导梁和钢梁之间宜采用螺栓连接，其长度宜为最大顶推跨度的0.75倍，并具有足够的刚度和强度。

3 钢梁的支点和顶推施工点处应采取必要的加固措施，防止在顶推过程产生变形和失稳。

4 钢梁顶推落位后应利用墩顶布置的微调装置精确就位，其轴线允许偏差应为±10mm，高程偏差应符合设计要求。

条文说明

钢梁顶推就位后，还要在钢梁顶面安装桥面板、浇筑混凝土接缝。因此，为不影响后续施工，顶推过程中应采取设置钢导梁等措施，避免发生残余变形和失稳。

12.4 组合梁节段制作与悬臂安装

12.4.1 节段制作、存放应满足下列要求：

1 节段可采用长线法或短线法预制，台座宜选择坚实地基，减小台座顶面沉降；在各种荷载作用下，台座顶面沉降不应大于2mm。

2 台座应设置钢梁起吊安装、微调的设备和装置。

3 采用短线法制作时，相邻节段应在同一台座上匹配预制，前一节段的端面直接作为后一节段的端头模板。

4 应制订专门的组合梁节段养护方案，宜采用搭设养护棚等适宜的方式进行养护，养护时间不应少于14d。

5 节段脱模后应及时检查验收，其轴线允许偏差应为±5mm，节段长度允许偏差应为±2mm。

6 节段的存放不宜超过两层，临时支点的位置应符合要求，并应设置橡胶垫等弹性支撑物对支点部位的钢梁进行局部防护。

7 节段的存放时间不宜少于28d。

12.4.2 节段悬臂安装应满足下列要求：

1 节段吊点的布置应综合考虑截面重心、钢梁位置等确定，吊点预埋件应避开结合部。

2 节段悬拼设备应安全可靠，应具备节段平面位置、高程、倾角的调整功能。

3 应根据组合梁构造特点，采取合理措施定位和锚固吊机。

4 应严格控制起始节段的拼装精度，包括节段高程和纵横轴线。

12.5 混凝土桥面板施工

12.5.1 桥面板预制应符合下列规定：

1 桥面板安装前，宜存放6个月以上。

2 桥面板预制及存放台座基础宜选择坚实地基，对软质地基应进行加固。

3 桥面板底模、侧模宜采用刚度较大的钢模，保证接缝平顺，板面平整，转角光滑，并定期校正。底模制作安装精度：平整度不应大于2mm，长宽尺寸允许偏差应为±3mm。

4 为保证连接件与钢筋的准确匹配，应在底模上严格标出桥面板钢筋位置，并宜在板各边标示出至少3排焊钉等连接件的相对位置。

5 侧模上应开有钢筋定位槽口。侧模制作安装精度：对角线长度允许偏差应为±3mm，钢筋预留槽位置允许偏差应为±3mm。

6 桥面板预制混凝土强度达到2.5MPa时，板四周和板顶面应人工凿毛保证粗骨料出露，凿毛深度不宜小于5mm。

7 预制板：长宽尺寸允许偏差应为±3mm，厚度允许偏差应为±5mm；连接钢筋预埋位置允许偏差应为±5mm。板面沿板长方向支承面平整度应控制在2m范围内小于2mm。

12.5.2 混凝土桥面板运输与安装应符合下列规定：

1 预制板的存放支点宜和吊点位置相吻合；同时4个支点应严格调平，保证在同一平面内。

2 混凝土强度达到85%强度后方可吊装，应采用四点起吊，并配置相应的吊具，防止吊装受力不均产生裂纹。

3 吊装和移运过程中应避免碰撞湿接缝钢筋，并应保证湿接缝混凝土浇筑质量。

4 桥面板安装允许偏差应为±5mm，相邻两板错开量应小于3mm。

条文说明

为提高混凝土桥面板安装精度，可在钢梁顶面焊接定位板，引导桥面板定位。钢梁和桥面板通过湿接缝连接成整体，可在两者相互接触的搁置宽度范围内提前粘贴厚10mm的海绵止浆条等，保证两者之间的密贴，避免湿接缝浇筑时漏浆，起到保证连接部混凝土质量的作用。

桥面板的安装顺序和时机，一般为$n+1$段钢梁安装完成后，利用悬拼吊机安装$n-1$节段的桥面板；同一节段桥面板宜自内向外架设。采用这种顺序能较好地将设计要求和施工结合起来，在满足结构受力要求的基础上，提高工艺及装备效率。

12.5.3 湿接缝施工应符合下列规定：

1 湿接缝浇筑前，应对安装过程中变形的连接钢筋予以校正和调直，对损伤的连接件予以修补。

2 连接钢筋应焊接，并应通过垫块保证连接钢筋的保护层厚度。

3 湿接缝混凝土浇筑应防止干缩裂纹。

4 湿接缝混凝土应保湿、保温养护不少于7d；当气温低于5℃时，宜采用热水拌和混凝土，浇筑完成后应及时覆盖保温。

5 湿接缝混凝土强度达到85%设计强度前，不得在其上进行施工作业。

12.5.4 混凝土桥面板现场浇筑施工应符合下列规定：

1 混凝土板的现浇时机和程序应符合要求。

2 混凝土板浇筑可利用钢梁支撑安装支架模板，并应在桥面板混凝土达到规定的强度后拆除。支架与钢梁之间可采取栓接形式，在钢梁上焊接临时连接板，支架安装、拆除过程中应避免损伤钢梁及表面防腐涂层。

3 浇筑桥面板混凝土前，应清除钢梁上翼缘和连接件上的锈蚀、污垢，保持表面清洁。

4 在湿接缝混凝土达到85%设计强度前，不应进行吊机移动、大型构件吊装等作业。

12.6 组合梁预应力施工

12.6.1 预应力张拉时机和顺序应符合要求。

12.6.2 应控制桥面板混凝土内的预应力管道的位置，保证衔接顺直，相邻孔道对位高差应为±2mm。

12.6.3 体外预应力应严格控制转向装置的位置和角度，同时应在墩顶梁段预留工作孔，在梁底板上预留反力锚座。

12.6.4 采用支点位移法对桥面板施加预应力的结构，梁板安装时应严格控制梁底临时支座和永久支座顶高程，允许偏差应为±1mm。临时支座的卸落顺序应符合结构受力要求，同一墩顶的多个临时支座宜分4~5级均匀、同步卸落。

13 混合梁结合部施工

13.1 一般规定

13.1.1 混合梁结合部施工应符合现行《公路桥涵施工技术规范》（JTG/T F50）的相关规定。

13.1.2 结合部施工前应制订详细的施工实施方案，明确结合部各施工工作界面。

条文说明

结合部施工前应编制详细的施工实施方案，主要内容包括：概况、结合部结构特点分析、施工的难点及重点、施工工艺及方法、资源配置、组织机构、质量与安全保证等方面内容。

13.1.3 钢混结合部严禁出现混凝土脱空、不密实的现象。对浇筑空间复杂、配筋较密的结合部，宜按实体比例模型进行混凝土浇筑工艺试验，必要时可调整混凝土配合比设计。

条文说明

钢梁与混凝土梁刚度相差较大，钢混凝土结合部构造及受力均较复杂，施工难度大，应保证结合部位的施工质量。

13.1.4 结合部混凝土浇筑前应对结合部钢结构温度、混凝土浇筑温度、混凝土内外温差进行控制。

13.2 结合部钢梁制造

13.2.1 应根据结合部钢梁结构特点制订详细的制造与组装方案。

13.2.2 结合部连接件安装允许误差应为 ±3mm。

13.2.3 焊接时应防止局部焊接温度过高而造成局部变形，承压板焊接时应保证其平整度。

条文说明

本条规定是为了保证结合部钢梁与混凝土梁承压时的受力面积。

13.2.4 结合部钢梁的焊接缝应进行专门检测。

13.3 结合部钢箱梁安装

13.3.1 箱梁出厂之前，梁段与相邻梁段应进行预拼装，制作、预拼装精度符合相关要求后方可出厂。

13.3.2 钢箱梁运输过程应保证无损伤和无腐蚀，宜采用水路运输。

13.3.3 钢箱梁在运输和安装过程中，支点和吊点等设置应防止钢箱梁发生扭转、翘曲和侧倾。钢梁吊装就位，应轻吊轻放，支垫平稳。

13.3.4 钢箱梁可采用桥面吊机或浮吊安装，吊装过程应严格遵守高空作业及水上作业的安全规定。

13.3.5 钢箱梁拼装支架应经结构分析计算，必要时应进行荷载试验。在支架上布置纵横移及梁底高程微调设备后方可进行钢箱梁的安装。

13.3.6 平面位置、纵坡和高程应符合要求。钢箱梁安装到位后，应临时定位固定。

13.3.7 当以结合部钢箱梁为基准梁，后续安装钢箱梁时，钢箱梁梁轴线定位精度应控制在 5mm 以内；当以结合部钢箱梁为基准梁，后续浇筑混凝土箱梁时，结合部钢梁的轴线定位精度应控制在 10mm 以内。

13.4 结合部混凝土施工

13.4.1 钢混结合部应配制大流态低收缩高性能混凝土，可采用微膨胀钢纤维混凝土或聚丙烯纤维混凝土。

条文说明

钢混结合部的混凝土配合比设计以提高混凝土抗裂性和体积稳定性为原则，综合考虑胶凝材料用量、砂率及用水胶比，同时考虑到结合部施工的质量和可操作性，配制流动性好、体积稳定性好的高性能混凝土，以实现混凝土的易密性和防止脱粘。可采用微膨胀钢纤维混凝土或聚丙烯纤维混凝土提高钢筋混凝土的抗裂性。掺加纤维后会使流动性降低，宜通过试配和浇筑工艺试验进行验证。

13.4.2 结合部预埋件宜采取与已浇筑梁段外露钢筋焊接的方法进行固定。混凝土浇筑前和振捣过程中应安排专人检查预埋件的位置。

13.4.3 混凝土胶凝材料用量不宜超过 $550kg/m^3$，宜掺入优质矿粉、粉煤灰等矿物掺合料，混凝土绝热温升不宜超过 55℃；砂率宜控制在 38% ~ 41% 范围内；混凝土用水量不宜超过 $160kg/m^3$。

条文说明

在满足设计、混凝土耐久性和施工的前提下使用矿物掺合料，尽量减少水泥用量和用水量，以控制混凝土温升，避免混凝土开裂。

13.4.4 混凝土拌合物应流动性良好、无泌水现象，初始坍落度宜为 220mm ± 20mm，坍落扩展度宜为 600mm ± 50mm，坍落度 1h 损失率宜不大于 10%。

13.4.5 混凝土浇筑前应对结合面进行凿毛，凿毛深度不宜小于 8mm，表面不得有浮浆且应露出粗骨料，并应保持结合面湿润。

条文说明

钢混结合处钢筋、剪力键密集，清理工作异常困难，需高度重视。

13.4.6 在钢混结合部混凝土浇筑之前，应对钢箱梁和混凝土梁之间进行临时锁定。

条文说明

可采用劲性骨架和张拉临时预应力索等进行临时锁定。

13.4.7 宜选择夜间气温较低时段浇筑混凝土，浇筑前应进行降温使钢结构温度与环境温度一致。

13.4.8 宜在不易振捣的钢结构部位预留出气孔或振捣孔，当插入式振捣棒无法使用时，可在钢结构对应部位采用附着式振捣器辅助振捣。

13.4.9 混凝土横桥向宜全断面一次性布料，分层浇筑，分层厚度宜为300mm，相隔舱面混凝土允许高差宜为300mm。可超浇钢格室位置混凝土，直至混凝土从排气孔、压浆孔溢出。浇筑完成后，必要时可从预留压浆孔向各个钢格室内灌注水泥浆，填充与钢箱梁未紧密结合处混凝土。

13.4.10 夏期高温季节应降低混凝土的浇筑温度，混凝土入模温度不应超过28℃。结合部混凝土应按现行《公路桥涵施工技术规范》（JTG/T F50）大体积混凝土的要求进行浇筑温度控制。

13.4.11 混凝土浇筑时宜缩短从出料到浇筑入模的间隔时间，混凝土施工阶段的内表温差宜不大于25℃，降温速率宜不大于2℃/d。

13.4.12 混凝土强度达到85%设计强度前，应严格控制外荷载作用于结合部。

13.4.13 混凝土浇筑完成后应及时覆盖湿润养护，夏季应对结合部钢箱梁洒水覆盖保湿。

13.5 预应力施工

13.5.1 预应力管道应设定束形控制点，其位置允许偏差应为±3mm。

13.5.2 混凝土强度达到85%设计强度前，不得张拉预应力。

13.5.3 张拉顺序、张拉力及伸长值均应符合设计要求。对分批张拉引起的预应力损失和短预应力筋，可采取超张拉或二次张拉方法。设有临时预应力钢束的，应按要求及时解除。

13.5.4 施加预应力时，张拉装置不宜直接作用于钢板上，应对钢板进行有效防护。

13.5.5 钢箱梁侧预应力锚头应锚固于承压板上，宜采用防水帽等装置对其进行密封处理。

13.5.6 孔道压浆应在终张拉完毕后24h内进行。压浆前可用高压气检查锚垫板、喇叭管、压浆管结合部的密实性，并压气排出积存在预应力管道内的积水。

13.5.7 宜采用真空辅助压浆工艺，孔道内的真空度宜稳定在－0.10～－0.06MPa之间。压浆顺序应为先下后上，同一管道压浆应连续进行，一次完成。

13.5.8 浆体温度应在 5～35℃之间。压浆及压浆后 3d 内，梁体及环境温度不得低于 5℃，否则应采取保温措施。当环境温度高于 35℃时，压浆应在夜间进行。

13.5.9 宜选用专用的后张法预应力管道压浆材料。浆体强度应不低于混凝土强度。

14 索塔及拱座钢混结合部施工

14.1 一般规定

14.1.1 本章适用于混合索塔塔柱结合部、斜拉索塔端钢混锚固、钢横梁（钢斜撑）与混凝土塔柱结合、钢塔柱与混凝土基础结合部、钢拱肋与混凝土基座结合部。

14.1.2 索塔及拱座钢混结合部的施工应符合现行《公路桥涵施工技术规范》（JTG/T F50）的相关规定。

14.1.3 混合塔柱、塔上钢横梁结合部施工前应进行安全风险评估，并做好安全专项预案。

条文说明

混合塔柱、塔上钢横梁结合部施工属于高空作业，高空作业和起重吊装作业安全风险较大。

14.1.4 测量、定位和安装工作宜在温度稳定且无日照影响的时段进行。

条文说明

高塔、钢结构变形对温度敏感，故所有测量、定位和安装工作宜在温度稳定且无日照影响的时段进行，以消除局部温差所引起的误差。

14.1.5 结合部混凝土施工前宜按实体比例模型进行混凝土浇筑工艺试验。

14.1.6 结合部混凝土浇筑应按大体积混凝土进行温度控制，防止出现温度裂纹。

14.2 混合塔柱及斜拉索锚固区钢混结合部施工

14.2.1 塔柱结合部底座轴线、高程允许偏差均应为 ±3mm。

14.2.2 塔柱结合部锚固箱安装前应在没有局部温差的条件下对底座顶面的高程、轴线和上下游间绝对距离进行复测。锚固箱应精确定位。

14.2.3 塔柱结合部开孔板连接件贯通钢筋应定位准确，构造主筋应同剪力钢筋分层错开绑扎。纵、横剪力筋间应固定，保证布设位置准确、牢固，同时应防止混凝土振捣施工时出现位移。

条文说明

剪力键钢筋与构造主筋交错密集，应分层错开绑扎。

14.2.4 混凝土分层浇筑厚度宜为 200 ~ 300mm，相邻隔舱混凝土面高差不宜超过 300mm。相邻隔舱应预留孔洞，以便于混凝土流动，使剪力键间气泡排出。

14.2.5 斜拉索锚固区钢锚箱（梁）制作、安装线形控制应从工厂制造阶段开始，并应于出厂前在预拼装场地专用胎架上进行预拼装。可采取竖向预拼，预拼装节数不宜少于 3 节。验收合格后，可将钢锚箱连接螺栓全部拆解，运至现场之后再拼装成整体。

条文说明

钢锚箱（梁）构件进行预拼装，是为了避免高空调整，降低高空作业难度和加快安装速度。

14.2.6 钢锚箱（梁）运输时应设置临时支撑点固定装置，注意节段间匹配件的保护，防止运输中碰撞和变形。

14.2.7 钢锚箱（梁）吊装前应对起吊设备、机具等进行全面安全检查，符合要求后方可进行吊装作业。吊装应采用专门的吊具，使吊姿有利于安装对位，并避免钢锚箱（梁）起吊时因起吊产生内力导致变形。

14.2.8 锚固箱安装后应在没有温差的情况下测量顶口的轴线、高程及上下游间绝对距离。钢锚箱（梁）安装后，锚固点高程允许偏差应为 ±10mm，两端与纵向限位板间间隙不应小于 5 mm。钢锚箱（梁）上索导管安装后空间位置允许偏差应为 ±10mm。

14.2.9 首节钢锚箱（梁）的底座预埋件应设置适当的预抬值。钢锚箱可通过承重钢板、调节螺栓进行定位，倾斜度允许偏差应为 ±1/4 000。吊装时宜采用塔吊，其吊重、吊幅、吊高应满足吊装需要。

条文说明

设置适当的预抬值，是考虑了塔柱混凝土结构自身的收缩徐变，以及在承受斜拉索轴压力下的压缩变形。首节钢锚箱施工是后续施工的关键，包括锚箱底座混凝土垫块施工和锚箱的定位安装施工。

14.2.10 锚箱底座混凝土浇筑时宜预留一定高度，定位调整满足要求后再通过预留孔浇筑无收缩性混凝土或压浆，压浆材料性能指标应满足要求。

14.2.11 锚箱安装施工锚固螺栓拧紧前应检测锚箱底板压浆的密实性。

条文说明

承重板与锚箱底座之间的缝隙可用钢板垫实，插入锚箱锚固螺栓。

14.2.12 后续钢锚箱初定位宜通过限位和导向装置实现。每安装完 4~6 个节段，应测量实际安装轴线倾斜度，对下组 4~6 个已预拼节段进行轴线偏移预测。可设置 1~2 个调节段，通过调节段进行偏移的调整，调节段可根据实际安装轴线偏移情况进行加工。

14.2.13 钢锚箱施工时宜高出混凝土面一个节段。严禁随意切割钢锚箱与混凝土组合截面钢筋和剪力钉。采用泵送工艺施工时，混凝土的初始坍落度及流动度宜根据不同的施工高度进行调整，并应加强锚固区混凝土的振捣。

14.3 钢横梁（钢斜撑）与混凝土塔柱结合部施工

14.3.1 钢横梁应保证拼装组件密贴，焊缝不得有裂纹、未熔合、夹渣、未填满弧坑等缺陷。运输时应加设临时支撑加以固定。

14.3.2 安装横梁时应考虑横梁制作偏差、塔柱间的误差值，同时应考虑安装时温度的影响，钢横梁与预埋钢板安装前应对天气状况进行连续观测，并分析预测不同天气条件下尺寸变化值，以此确定横梁尺寸制作偏差。

条文说明

温度对两个塔柱连接距离有一定的影响。

14.3.3 钢横梁与塔壁的连接可采取嵌补段来进行连接，在横梁一端或两端预留约 500mm 长的嵌补段。

14.3.4 可通过设置主动横撑，调整横梁装配时合拢口的间距进行辅助合拢安装。

14.4 钢塔柱与混凝土承台（钢拱肋与混凝土基座）结合部施工

14.4.1 预应力束（筋）安装应采用定位支架进行固定，预应力束（筋）的安装方式可采取整体制作安装，也可采取现场逐根安装。

条文说明

整体制作安装方法为定位支架和所有锚杆（预应力筋）在厂内预制成一体，后运输至现场整体安装，安装前也需要设置一定的预埋件。现场逐根安装方法为现场焊接专用定位支架，然后对每个锚杆（预应力筋）进行吊装、调位及固定。

14.4.2 锚杆安装的平面允许偏差应为±2mm。

条文说明

锚杆的定位安装精度主要是为了保证全部锚杆能顺序穿越钢塔节段顶底面的预留孔。

14.4.3 承台（塔座）混凝土浇筑前应对所有锚杆的位置进行复测，满足要求后方可进行施工。混凝土浇筑时锚杆锚固区应充分振捣，保证混凝土浇筑密实。

14.4.4 可采取打磨法及间隙压浆法，保证结合部钢塔节段承压板底面与混凝土承台（塔座）端面接触率满足设计要求。

条文说明

桥梁钢塔端面接触率的处理方法一般有承台（塔座）端面打磨法和间隙压浆法两种。前者需要专用打磨设备，成本相对较高，且端面平整度受设备、施工人员熟练程度等影响较大，其施工流程为：锚杆定位安装→承台（塔座）混凝土浇筑、养护→承台（塔座）端面打磨→结合部钢塔节段安装、调位→锚杆预应力张拉。后者施工工艺成熟，成本较低，接触率要求容易保证，其施工流程为：锚杆定位安装→承台（塔座）混凝土浇筑、养护→结合部钢塔节段安装、调位→承压板与承台（塔座）间隙压浆→锚杆预应力张拉。

14.4.5 锚杆预应力张拉宜分2~3次张拉完成，首次张拉力不应小于设计值的50%。张拉时以平面对称为施工原则，施工顺序宜从中间向两边张拉。对于采用间隙压浆法的处理方法，应在水泥浆强度达到设计要求后进行锚杆预应力张拉。

14.4.6 拱座钢结构部分宜整体安装。

14.4.7 拱座钢结构宜采用劲性骨架进行安装定位，可通过装置微调其空间位置。

14.4.8 拱座混凝土应进行分层分段交错浇筑，分层下料，每层厚度控制在 200 ~ 300mm；混凝土浇筑能力应保证不出现浇筑冷缝；混凝土保温、保湿养护时间不应少于 14d。

附录 A　组合梁侧向扭转屈曲的弹性临界弯矩

A.0.1　组合梁负弯矩侧向扭转屈曲的弹性临界弯矩由"倒 U 形框架"（图 A.0.1）模型推导得出：

$$M_{cr} = \frac{k_c C_4}{L} \sqrt{\left(GI_{at} + k_s \frac{L^2}{\pi^2}\right) EI_{afz}} \tag{A.0.1-1}$$

$$k_c = \frac{\dfrac{I_{cr}}{I_{ay}}}{\dfrac{Z_f^2 - Z_s^2 + i_x^2}{eh_s} + \dfrac{Z_f - Z_j}{0.5h_s}} \tag{A.0.1-2}$$

$$i_x^2 = \frac{I_{ay} + I_{az}}{A_a} \tag{A.0.1-3}$$

$$e = \frac{A_{cr} I_{ay}}{A_a Z_c (A_{cr} - A)} \tag{A.0.1-4}$$

$$Z_f = \frac{h_s I_{afz}}{I_{az}} \tag{A.0.1-5}$$

$$I_{afz} = \frac{b_f^3 t_f}{12} \tag{A.0.1-6}$$

$$Z_j = Z_s - \int_A \frac{Z(y^2 + Z^2)}{2I_{ay}} dA \tag{A.0.1-7}$$

如果 $\dfrac{I_{afz}}{I_{az}} > 0.5$，则：

$$Z_j = 0.4h_s \left(2\frac{I_{afz}}{I_{az}} - 1\right) \tag{A.0.1-8}$$

式中：L——组合梁跨度；

C_4——弯矩分布影响系数，按表 A.0.1-1～表 A.0.1-3 取值；

k_s——转动弹簧常数；

G——钢材剪切模量；

I_{at}——钢梁截面的圣·维南扭转常数（抗扭惯性矩）；

I_{afz}——钢梁下翼缘关于钢梁 z 轴的惯性矩；

A_{cr}——钢梁与纵向钢筋形成的组合截面的面积；

I_{cr}——钢梁与纵向钢筋形成的组合截面绕中性轴的惯性矩；

I_{ay}——钢梁截面绕 y 轴的惯性矩；

A——钢梁的截面面积；

I_{az}——钢梁截面绕 z 轴的惯性矩；

i_x——对钢梁剪心的极回转半径；

Z_c——钢梁形心与翼板形心间的距离；

Z_s——钢梁截面形心至其剪力中心的距离，当剪力中心与钢梁受压翼缘在中心轴同侧时为正号；

h_s——钢梁上翼缘重心轴到下翼缘重心轴之间的距离。

转动弹簧常数 k_s 分别考虑了开裂混凝土板的弯曲刚度（相应的弹簧常数 k_1）和钢梁腹板的弯曲刚度（相应的弹簧常数 k_2）：

$$k_s = \frac{k_1 k_2}{k_1 + k_2} \qquad (A.0.1-9)$$

式中：k_1——垂直于梁方向的混凝土板或组合板开裂截面的弯曲刚度，对跨过钢梁的连续板，$k_1 = \dfrac{4EI_{cr}}{a}$；对简支板或悬臂板，$k_1 = \dfrac{2EI_{cr}}{a}$；

k_2——钢梁腹板的弯曲刚度，对腹板无外包混凝土的组合梁按下式计算：

$$k_2 = \frac{Et_w^3}{4(1-\upsilon^2)h_s} \qquad (A.0.1-10)$$

υ——钢材的泊松比；

h_s、t_w——由图 A.0.1 得到。

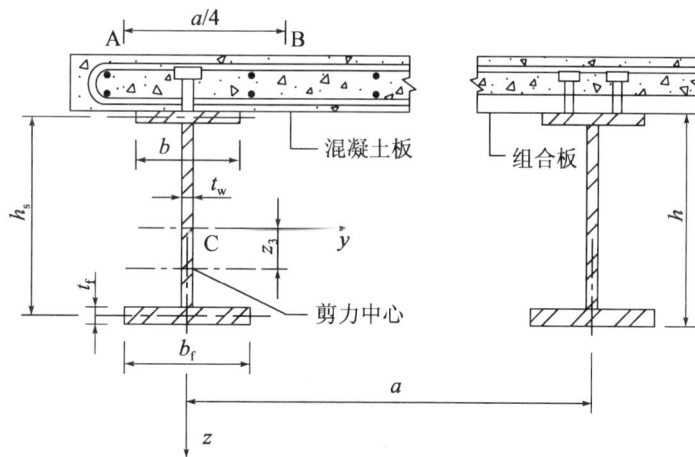

图 A.0.1 倒 U 形框架模型

表 A.0.1-1 跨中受横向荷载弯矩分布影响系数 C_4

荷载及支承条件	弯矩图	C_4								
		$\psi=0.50$	$\psi=0.75$	$\psi=1.00$	$\psi=1.25$	$\psi=1.50$	$\psi=1.75$	$\psi=2.00$	$\psi=2.25$	$\psi=2.50$
	ψM_0 M_0	41.5	30.2	24.5	21.1	19.0	17.5	16.5	15.7	15.2

表 A.0.1-1（续）

荷载及支承条件	弯矩图	C_4								
		$\psi=0.50$	$\psi=0.75$	$\psi=1.00$	$\psi=1.25$	$\psi=1.50$	$\psi=1.75$	$\psi=2.00$	$\psi=2.25$	$\psi=2.50$
		33.9	22.7	17.3	14.1	13.0	12.0	11.4	10.9	10.6
		28.2	18.0	13.7	11.7	10.6	10.0	9.5	9.1	8.9
		21.9	13.9	11.0	9.6	8.8	8.3	8.0	7.8	7.6
		28.4	21.8	18.6	16.7	15.6	14.8	14.2	13.8	13.5
		12.7	9.8	8.6	8.0	7.7	7.4	7.2	7.1	7.0

表 A.0.1-2　跨中无横向荷载弯矩分布影响系数 C_4

荷载及支承条件	弯矩图	C_4				
		$\psi=0.00$	$\psi=0.25$	$\psi=0.50$	$\psi=0.75$	$\psi=1.00$
		11.1	9.5	8.2	7.1	6.2
		11.1	12.8	14.6	16.3	18.1

表 A.0.1-3　悬臂端支撑弯矩分布影响系数 C_4

荷载及支承条件	弯矩图	L_c/L	C_4			
			$\psi=0.00$	$\psi=0.50$	$\psi=0.75$	$\psi=1.00$
		0.25	47.6	33.8	26.6	22.1
		0.50	12.5	11.0	10.2	9.3
		0.75	9.2	8.8	8.6	8.4
		1.00	7.9	7.8	7.7	7.6

本规范用词用语说明

1 本规范执行严格程度的用词，采用下列写法：

1）表示很严格，非这样做不可的用词，正面词采用"必须"，反面词采用"严禁"；

2）表示严格，在正常情况下均应这样做的用词，正面词采用"应"，反面词采用"不应"或"不得"；

3）表示允许稍有选择，在条件许可时首先应这样做的用词，正面词采用"宜"，反面词采用"不宜"；

4）表示有选择，在一定条件下可以这样做的用词，采用"可"。

2 引用标准的用语采用下列写法：

1）在标准总则中表述与相关标准的关系时，采用"除应符合本规范的规定外，尚应符合国家和行业现行有关标准的规定"；

2）在标准条文及其他规定中，当引用的标准为国家标准和行业标准时，表述为"应符合《××××××》（×××）的有关规定"；

3）当引用本标准中的其他规定时，表述为"应符合本规范第×章的有关规定"、"应符合本规范第×.×节的有关规定"、"应符合本规范第×.×.×条的有关规定"或"应按本规范第×.×.×条的有关规定执行"。